Think Green!
Love Lohas!

자연과 사람을 공경하는
당신이 아름답습니다!

인간과 지구는 함께 살아가는 동반자입니다.
살림로하스는 개인의 건강뿐만 아니라 사회의 건강, 자연의 건강을 추구합니다.
잘 먹고 잘 사는 웰빙을 넘어 인류와 지구를 생각하는 작지만 큰 실천을 담고 있습니다.
지구도 살고 인간도 사는 로하스 라이프!
작은 습관의 변화가 큰 변화를 만들어 냅니다.

| 일러두기 |

1. 본문에 등장하는 '쿠하'라는 아이는 이 책의 저자, 정진영씨 딸의 예명입니다. 현장감을 살리고 친근한 느낌을 전달하기 위해서 그대로 사용하였습니다.

2. 귀찮음과 염려를 내려놓고 아이와 함께 외출을 하면 밥투정과 잠투정이 줄고, 인지능력과 언어발달에 도움이 됩니다. 아이는 책에서 본 것보다 보고 듣고 만지면서 직접 경험한 것을 더 잘 기억합니다. 또한 엄마의 육아 스트레스 해소에도 도움이 됩니다.

3. 이 책은 저자가 아이와 함께 가면 좋은 곳, 유난히 아이가 즐거워했던 곳, 아이가 자라면 다시 한 번 찾고 싶은 곳들을 담았습니다. 이 책이 엄마와 아이의 가볍고 사소한, 그래서 즐거운 서울 산책에 도움이 되기를 바랍니다.

귀찮음과 염려를 내려놓고
아이와 함께 외출하기

아이의 낡은 운동화를 손바닥에 올려봅니다. 100밀리미터 사이즈 운동화는 제 손바닥을 가리지 못하고 손가락 한 마디가 남습니다. 아이가 15개월 무렵에 신던 것인데 신발 앞코에 새끼손톱만한 구멍이 생겨 동생에게 물려줄 수도 없습니다. 구멍은 아이가 걸음마를 배우던 시기에 얼마나 자주 바깥에서 놀았는지, 걸음마 연습을 얼마나 신나게 했는지 보여주는 증표이기도 합니다. 언젠가 아이가 자기만의 세계를 찾아 떠나는 날, 몇 권의 육아일기와 함께 선물할 생각입니다.

아이와 함께 외출하는 것은 은근히 귀찮은 일입니다. 기저귀와 간식을 챙겨야 하고, 아이의 기분과 몸 상태를 고려해야 합니다. 일정도 어른들 마음대로 정하기보다는 아이 눈높이에 맞춰야 됩니다. 예상하지 못한 안전사고가 일어날 수도 있고, 식당이나 카페에서 옆자리 손님에게 방해가 되지 않을까 염려되기도 합니다. 귀찮음과 염려를 내려놓고 아이와 함께 버스나 지하철을 타고 서울 시내 곳곳을 산책하는 동안 저는 세 가지 보너스를 얻었습니다. 우선 밥투정과 잠투정이 줄었습니다. 잘 먹고, 잘 놀고, 잘 자면 아이도 엄마도 편안해집니다. 또, 인지능력과 언어발달에도 도움이 됩니다. 책에서 본 것보다 보고 듣고 만지면서 경험한 것을 더 잘 기억합니다. 처음 만나는 상황에서 다양한 말을 배우고, 평소 자주 듣던 가족의 말이 아닌 낯선 사람들의 말도 듣게 됩니다. 마지막으로, 엄마의 육아 스트레스 해소에도 도움이 됐습니다. 하루 종일 좁은 공간에서 아이와 지내다보면 엄마도 지칩니다. 여기저기 흩어진 크레파스를 여러 번 줍거나 휴지 한 통 분량을 한 장씩 주워 담는 일은 아무리 아이가 예뻐도 짜증나는 일이니까요.

뚜벅이 연인 사이였던 십여 년 전, 저희 부부의 데이트 코스는 궁궐, 미술관, 공원들이었습니다. 남편과 데이트 하던 거리를 어린 딸아이 손을 잡고 다시 갔습니다. 수줍게 제 손을 잡던 남편 대신 남편을 닮은 아이가 제 손을 잡고 있는 모습을 보며 저 혼자 미소 짓는 특권을 누렸습니다.

정 진 영

한눈에 보는 서울 산책

contents
차례

궁궐 산책

쿠하가 태어나기 전까지 서울의 궁궐들은 그저 한적한 공원으로만 여겨졌습니다. 사극 배경으로 전락한 궁궐을 다시 보게 된 건 쿠하 때문입니다. 아이에게 서울의 어제와 오늘을 보여주고, 서울이 600년도 넘은 오래된 도시라는 걸 느끼게 해 주고 싶었습니다.

궁궐이 역사의 현장을 넘어 조선 장인들이 가꿔온 삶의 터전으로 다가오자, 정이 가기 시작했고 역사에도 관심이 생겼습니다. 입장료 1,000원으로 떠나는 궁궐 산책. 수 백년간 피어났던 역사 이야기를 아이와 함께 나눠 보세요.

01 창덕궁

INFORMATION

- **위치** 서울시 종로구 율곡로 99
- **전화** 02-762-8261
- **관람시간** 3월 16:45까지, 4~10월 17:15까지,
  11~2월 15:45까지(매시 15분, 45분 입장)
  자유관람 매주 목요일(일반관람 불가).
- **휴관일** 매주 월요일
- **요금** 어른 3,000원, 만7~18세 1,500원, 6세
- 이하 무료
- **교통** 3호선 안국역 3번 출구, 1·3·5호
  선 종로3가역 6번 출구
  109, 151, 162, 171, 272, 7025

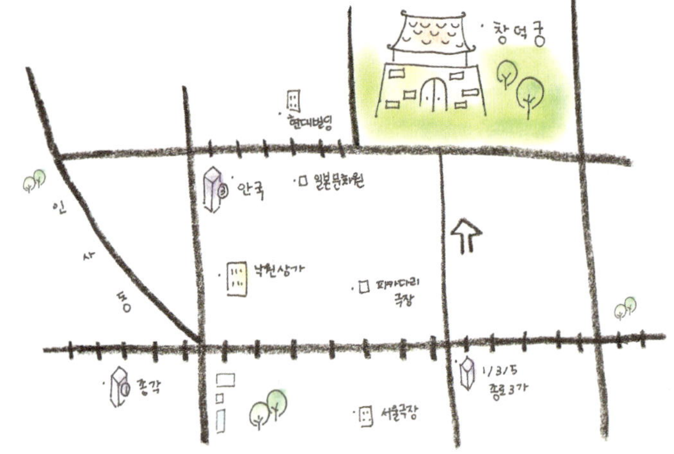

창덕궁은 조선의 5대 궁궐 중에서 경복궁에 이어 두 번째로 지어진 궁궐입니다. 임진왜란 때 파괴된 경복궁이 재건되기 전까지 오랜 기간 조선의 으뜸 궁궐로 사용된 곳입니다.

일제 강점기에 상당 부분 훼손 되었음에도 불구하고 1997년 유네스코 세계문화유산에 등재된 창덕궁은 1600년대의 건축예술과 자연적인 멋의 조화로움을 보여줍니다.

오래전에 만든 건물과 정원이 잘 보존된 것은 1979년부터 지금까지 제한적 관람 제도를 운영했기 때문입니다. 아무 때나 들어가 자유롭게 관람할 수 있는 다른 궁궐들과 달리 창덕궁에서는 정해진 시간에 안내자를 따라 다녀야 합니다. 물론 제약이 싫은 사람들을 위해 목요일마다 자유관람을 허락하고 있습니다. 창덕궁은 1시간 20분가량 가이드를 따라 부지런히 걸어야 하기 때문에 유모차를 이용하는 게 낫습니다.

희정당은 임금의 침실이 딸린 편전이었는데, 나중에 어전회의실로 사용 되었습니다. 조선 후기와 대한제국 시대에 왕의 집무실이자 외국 사신들을 접견하는 공간으로 쓰였다는데, 중국풍 탁자와 의자 세트, 앤티크 가구들이 있습니다. 중국과 일본보다 먼저 전기를 사용했다는 고종 황제 시절의 변화를 궁궐 인테리어에서도 엿볼 수 있습니다.

옛날 사람들은 '하늘은 둥글고 땅은 네모지다' 는 천원지방天圓地方' 을 건축 원리로 사용했습니다. 부용정이 두 다리를 담그고 있는 사각형 연못 부용지도 그런 원리로 만들어졌습니다. 주합루에는 어수문漁水門이 있는데 물고기와 물이 서로 떨어져 살 수 없듯이 임금과 신하, 임금과 백성의 관계도 그렇다는 의미를 담은 문입니다.

주합루 1층은 왕실도서를 보관하는 규장각으로, 2층은 열람실로 쓰였는데, 나무가 울창한 후원에서 책을 읽고 토론하던 학자들의 모습이 꽤 운치 있었을 것 같습니다.

낙선재는 헌종의 후궁 김씨의 처소로 지어졌는데 사치스러움을 경계하여 단청을 하지 않았다고 합니다. 낙선樂善, 착한 것을 즐기라는 이 집에 쿠하가 뛰어다니는 모습이 보기 좋습니다. 스스로 착한 것을 즐길 수 있는 사람이 되었으면 좋겠습니다. 1847년에 지어진 낙선재는 최근까지 사람이 살던 집입니다. 조선 황실의 마지막 황후인 순정효황후가 1966년까지 살았고, 덕혜옹주가 일본에서 환국한 뒤 1989년까지 살았습니다. 열두 살에 유학을 빌미로 일본에 끌려간 뒤 우울증과 실어증에 걸린 옹주는 낙선재로 돌아와서 운명할 때까지 사람을 알아보지 못했다고 합니다. 화려한 창덕궁 안에 단청 없는 집이 어쩌면 무너진 황실 후예들의 삶을 보듬기 위해 처음부터 그렇게 담담하게 지어졌는지도 모를 일입니다.

아빠!

엄마 어디로
가셨지?

02 경복궁

INFORMATION

- **위치** 서울시 종로구 세종로 1번지
- **전화** 02-3700-3900
- **입장시간** 9:00~18:00(11~2월 17:00까지)
- **경회루 특별관람** 7세 이상 모든 이 5,000원.
  3~10월 11, 14, 16시 매회 60명
  (온라인예약, 선착순 판매)
- **휴관일** 매주 화요일
- **요금** 어른 3,000원, 7~18세 1,500원. 7세 이하 무료.
- **교통** 3호선 경복궁역 5번 출구
  경복궁 서쪽 : 0212, 1020, 1711, 7016, 7022 경복궁 남동쪽 : 1020, 109, 171, 272, 602, 602-1(공항버스), 606, 7025, 708
  경복궁 남서쪽 : 9708

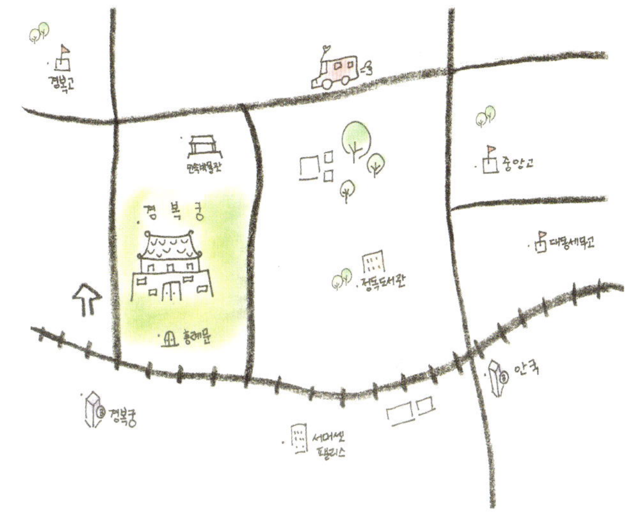

경복궁은 태조 이성계가 1392년에 조선을 건국한 뒤 종묘, 사직과 함께 가장 먼저 지은 궁궐입니다. 궁궐은 법궁法宮과 이궁離宮으로 나뉩니다. 법궁은 임금이 정사를 보며 주로 머무는 궁궐이며, 이궁은 만약을 대비해 지어 놓고 옮겨갈 수 있게 한 궁궐입니다.

조선의 법궁 경복궁은 임진왜란 때 모두 불에 탔다가 270년 후 흥선 대원군에 의해 중건 되었습니다. 그 후 일제강점기를 거치면서 10분의 1수준인 36동만 남았습니다. 요즘 경복궁은 광화문 제 자리 찾기 공사를 비롯해 여기저기 공사 중인 곳이 많습니다. 경복궁 이 제 모습을 찾아가는 과정입니다. 다시 기와들이 촘촘히 박힌 조선 정궁의 모습을 되찾았으면 좋겠습니다. 자연을 담은 전통 건축 양식 을 우리 손으로 지켜가기를 바라기 때문입니다.

쿠하는 돌계단 곳곳에 새겨진 돌짐승들을 그냥 지나치는 법이 없습니다. 손으로 쓰다듬으며 "잘 놀았어?" 하고 인사를 건넵니다. 근정전을 지키는 동물들이라고 말해 주자, 이번에는 드므가 궁금한지 "저거는 뭐야?" 하고 묻습니다. 나무로 지은 궁궐이 불에 타지 말라고 물을 담는 그릇이라며 "드므라고 불러. 이름이 예쁘지?" 하고 미리 공부한 걸 말해주는데, 끝까지 듣지도 않고 제일 위쪽 월대로 쪼르르 올라가 버립니다.

어두컴컴한 근정전 안을 열심히 들여다봅니다. 일월오악도를 가리키며, 임금님 등 뒤에 세워두는 그림 장식이라고 하니, "왜?"라고 맥락 없는 대꾸를 합니다. 왜라니요? 대체 무슨 대답을 들려줘야 좋을지 모를 때가 종종 있습니다.

경복궁 아미산의 굴뚝은 왕비의 침전인 교태전 구들과 연결되었던 굴뚝입니다. 나무로 지은 궁궐은 화재에 약하기 때문에 굴뚝을 건물 바깥에 조금 떨어지게 설치했습니다. 조상의 지혜에 장인의 솜씨가 더해져 빛을 발하는 곳입니다. 교태전은 최근에 복원됐지만, 아미산 굴뚝은 고종 때 중건하면서 지은 것 그대로랍니다. 벽돌과 기와, 굴뚝에 그려진 다양한 무늬가 눈길을 끕니다.

경복궁에서 가장 마음에 드는 곳은 자경전의 담장입니다. 벽돌을 쌓아 올린 담장에 꽃이 핀 것 같습니다. 대나무와 거북이처럼 아이가 봐도 한눈에 알아챌 수 있는 그림으로 꾸며져 있어서 이 담을 지나갈 때 유난히 더 천천히 걸었습니다.

03 덕수궁

유치원생 덕혜옹주 앞에서 걸음을 멈추다

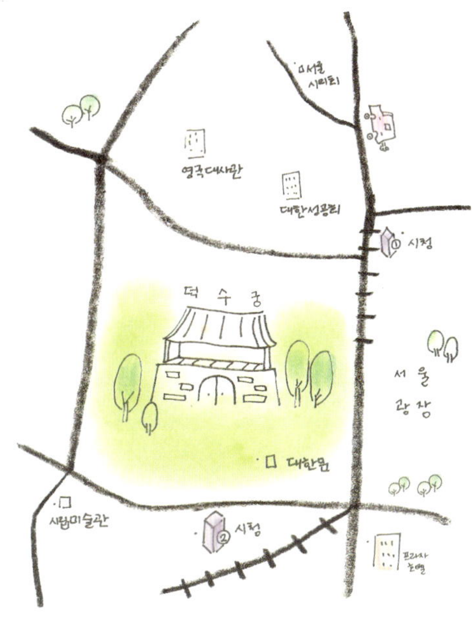

궁궐에는 조선의 아픈 역사가 곳곳에 스며들어 있습니다.
그중에서 덕수궁은 외세에 짓눌린 우리 근대사를 온몸으로
겪어낸 궁궐입니다.

덕수궁에서 자원봉사로 문화재 해설을 해주는 '우리궁궐지킴이'를
만났습니다. 덕혜옹주는 1912년, 할아버지 같은 고종황제의 늦둥이
딸로 태어났습니다. 강보에 싸인 아기가 깰까봐 유모에게 그대로 있
으라고 했다거나 옹주인데도 황제가 머무는 함녕전 가까이 살게 했
다거나 궁 안에 최초의 유치원을 만들어줬다고 전해집니다. 늦은 나

이에 어린 딸을 얻었으니 얼마나 아꼈을지 미루어 짐작이 됩니다.

덕수궁은 조선의 궁궐 가운데 유일하게 분수와 서양식 건축물이 있어 중세와 근대가 어우러진 궁궐입니다. 1909년 완공된 덕수궁 석조전 서관은 현재 미술관으로 사용합니다.

수문장 교대식은 외국인 관광객에게 인기 많은 행사이자, 쿠하처럼 어린 아이들에게 인기 만점입니다. 교대식이 끝나면 함께 사진을 찍을 수 있고 직접 악기를 만져 볼 수 있게 해줍니다.

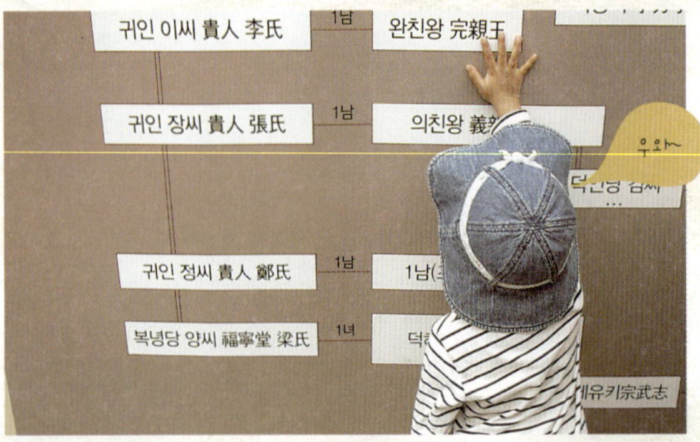

귀인 이씨 貴人 李氏 1남 완친왕 完親王
귀인 장씨 貴人 張氏 1남 의친왕 義親
귀인 정씨 貴人 鄭氏 1남 1남(
복녕당 양씨 福寧堂 梁氏 1녀 덕
덕진당 김씨
우와~
게유키 宗武志

전각들이 많이 훼손되어 안타까운 궁궐
창경궁

INFORMATION

- **위치** 서울시 종로구 창경궁로 85
- **전화** 02-762-4868
- **입장시간** 3월~10월 : 09:00~17:00(주말 18:00까지)
  11월~2월 : 09:00~16:30
- **휴관일** 매주 화요일
- **요금** 어른 1000원, 7~18세 500원, 6세 이하 무료
- **교통** 4호선 혜화역 4번 출구 직진 후 횡단보도 건너
  왼쪽 길로 직진 300m
  파랑버스(간선) : 101,104,106,107,108,140
  143,149,150,161,162,171,172,272,301
  초록버스(지선) : 1018, 빨강버스(광역) : 9410

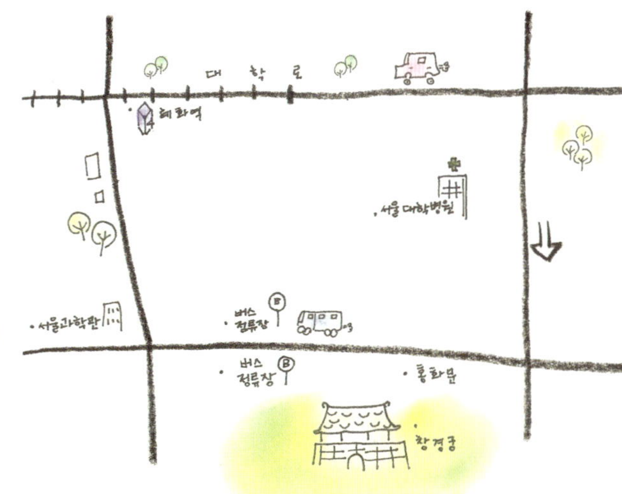

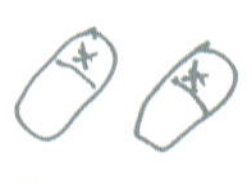

세종대왕이 왕위에 오르면서 아버지 태종을 편히 모시기 위해 지은 수강궁이 오늘날 창경궁의 시작입니다. 후대에 명정전, 문정전, 통명전 등 여러 건물을 크게 지으면서 창경궁이라 불리게 됐습니다. 정문인 홍화문을 들어서면 유일하게 보물로 지정된 옥천교가 나옵니다. 명정전 앞에 놓인 품계석에 아이들이 오르내리고, 정일품과 정이품 사이를 뛰어다닙니다. 궁궐에 가면 흔히 볼 수 있는 풍경이지만 창경궁의 품계석은 다른 궁에 비해 세월의 흔적이 느껴지질 않습니다. 복원공사를 통해 새로 만들었기 때문입니다. 품계석 하나만으로도 창경궁이 당한 수모를 짐작할 수 있습니다.

행각을 따라 길게 줄지어 앉은 아이들이 오래된 나무 기둥들과 대조를 이루며 귀엽게 늘어서 있습니다.

창경궁에는 유난히 잔디밭이 많습니다. 원래 전각들이 있던 자리라는 것을 드문드문 깔린 주춧돌이 말해 줍니다. 원래 잔디(사초)는 무덤에만 쓰던 풀인데, 일제가 조선의 궁궐을 무덤처럼 만들려는 의도로 심었다고 합니다.

통명전과 양화당 뒤 춘당지 쪽으로 향하면 '자경전터' 라는 안내판이 나옵니다. 대비의 침전인 자경전 자리에 일제는 근대식 왕실 도서관인 장서각을 지었다고 합니다. 지금은 그마저도 철거되고 소나무 몇 그루가 역사의 흔적을 지키고 있습니다.

춘당지로 가는 길은 다양한 나무와 풀, 꽃이 피는 정원입니다. 원래 궁궐 여성들이 살던 건물들이 있었던 곳이지만 일제강점기를 거치면서 이 일대의 내전들은 사라졌습니다.

춘당지란 활을 쏘고 과거를 보던 춘당대 앞에 있는 연못이라 붙여진 이름입니다. 원래 이 자리에는 권농장이라는 논이 있었는데, 임금이 경작하며 농사의 풍흉을 보던 곳이었답니다. 일제가 큰 연못을 파고 일본식 정원으로 바꿔 놓은 것을 창경궁 복원 공사를 하면서 한국식 조경으로 다시 가꾼 것입니다.

사라진 건물이 많은 탓에 창경궁의 겨울은 황량한 느낌마저 줍니다.

봄꽃이 피는 사월에서 오월에 찾으면 정원에 핀 갖가지 꽃을 볼 수

있고, 여름이면 도시 한가운데서 연못가을 보며 더위를 식힐 수도 있

습니다. 가을에는 한적하고 여유로운 분위기입니다.

창경궁에 갈 때는 아이가 좋아하는 빵이라도 챙겨가는 게 좋습니다.

매점이 없고 음료수 자동판매기 두 대가 전부입니다. 춘당지의 잉어

들에게 나눠주고 싶다면 기름기 없는 빵으로 준비해 주세요.

해체된 궁궐에 다시 궁궐이 서다
경희궁

서울에 오래 산 사람들도 경희궁이 어디냐고 물으면 잘 모르는 분들이 많습니다. 경희궁이라는 이름이 다른 궁궐에 비해 생소할 수도 있지만, 일제 강점기에 훼손되어 궁궐의 흔적조차 찾아보기 어려웠기 때문인 것 같습니다. 경희궁은 인왕산 자락의 산세를 따라 궁궐을 짓다보니 전각을 짓기 까다로운 탓에 목재보다 석재가 더 많이 쓰였다고 합니다.

광해군 때 지어진 조선 5대 궁궐의 하나였지만 일제 강점기 때 일본인 학생을 위한 경성중학교가 들어서면서 궁궐을 헐었습니다.

숭정전은 동국대학교로, 황학정은 사직단 뒤로 이전되었고, 궁의 정문인 흥화문은 이토 히로부미의 사당인 박문사에 팔려갔다고 하니 나라 잃은 설움을 온몸으로 당한 궁궐입니다. 다른 궁궐에 비해 관광객도 많이 찾지 않아 한낮의 경희궁은 조용하다 못해 고요합니다.

경희궁은 광해군 때 건립하면서 경덕궁이라 불렸지만 영조 때 이름
을 바꿔 경희궁이라 불렀습니다. 광복 후에도 서울고등학교가 들어
서 있다가 학교 이전에 따라 현대건설이 부지를 사들여 사용하였고,
다시 서울특별시가 인수하여 1988년부터 복원작업을 시작했습니다.
궁궐터는 원래의 모습을 찾지 못했지만 숭정전과 회랑, 흥화문이 되
살아났습니다. 경희궁에는 서울시립미술관 경희궁 분관이 있고, 서
울역사박물관 가는 길이 연결되어 있습니다. 인적이 뜸한 궁궐에서
산책하고, 미술관과 박물관 나들이를 하기에 좋은 코스입니다.
경희궁만의 아름다운 모습을 찾는 사람들이 늘어나 복원에 박차를
가했으면 하는 바람입니다.

경희궁은
고요하네요~

이곳이
숭정전
앞마당이에요.

흥선대원군의 꿈과 야망이 서린 궁

운현궁

- **위치** 서울 종로구 운니동 114-10
- **전화** 02-766-9090
- **입장시간** 4월~10월 09:00~19:00 (동절기 18:00까지)
- **휴관일** 매주 월요일
- **요금** 어른 700원, 12세~24세 300원,
  12세 이하 무료
- **교통** 3호선 안국역 4번 출구 50미터, 5호선 종로3
  가역 5번 출구 안국역 방면 300미터

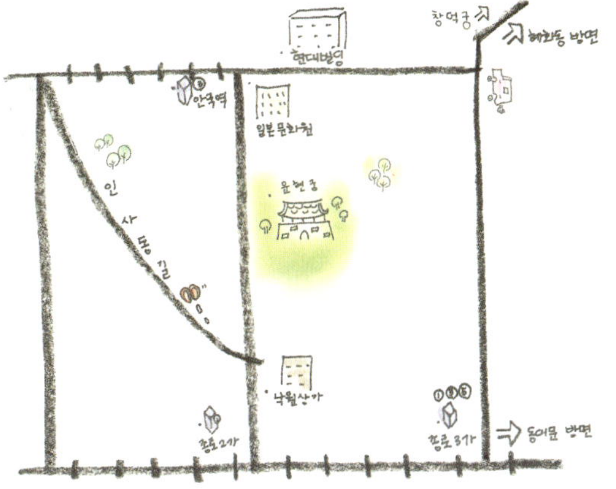

울긋불긋 단청도 없이 단정한 매무새로 지어진 운현궁은 왕족에서 왕의 아버지가 된 흥선대원군 이하응이 서원을 철폐하고, 임진왜란으로 불타버린 경복궁을 중건하고, 세제개혁을 단행하는 등 섭정을 했던 조선 후기 중요한 정치 공간이었습니다.

대원군은 왕의 아버지를 일컫는 말로, 조선시대 대원군 가운데 유일하게 살아서 왕을 보필한 사람이 흥선대원군입니다. 이하응은 자신의 장자가 왕이 될 인물이 아니라고 판단하고, 둘째 아들이 왕위에 오를 수 있게 했을 정도로 지략가였습니다.

운현궁의 규모는 흥선대원군의 위세와 정비례 했습니다. 세력이 절정에 이르렀을 때 운현궁은 지금의 덕성여대 평생교육원 일대와 교동초등학교, 옛 TBC방송국, 일본문화원, 창덕궁 건너편에 있는 삼환기업까지 운현궁 자리였다고 합니다. 정문, 후문 경근문敬覲門, 공근문恭覲門까지 네 개나 되는 대문이 있었는데, 지금은 운현궁을 지키던 군졸들이 사용하던 수직사에 딸린 후문 하나만 남아있습니다.

한낮의 운현궁은 조용합니다. 찾아오는 이들도 시끄럽지 않게 옛 집을 돌아봅니다. 운현궁에는 마네킹이 곳곳에 배치되어 있어 이곳에 사람이 살았던 당시의 모습을 알 수 있게 합니다. 운현궁에 들어서자마자 본 마네킹 군졸의 모습에 쿠하는 깜짝 놀라 엄마 등 뒤로 숨어 버립니다.

이로당은 노락당이 고종과 명성황후의 가례 장소로 사용된 후 안채로 쓰기 위해 새로 지은 건물입니다. 넓게 쓰는 마당에 비해 왕의 어머니가 머물던 방이라고 하기엔 좁아 보이는 실내에는 이불이며 키 낮은 가구들이 있습니다. '입구口' 자 구조로 남자들이 쉽게 들어오지 못하게 설계한 이 집은 정면 7칸, 측면 7칸의 큰 규모임에도 군데군데 아기자기한 맛이 살아있습니다. 뒤뜰로 통하는 문 옆으로 두 가지 색 벽돌을 쌓아 소박하면서도 정갈한 멋을 냈습니다.

운현궁에서는 서울시가 주관하는 다양한 행사를 볼 수 있습니다. 하이 서울 페스티벌 기간을 비롯해 주말이면 크고 작은 공연이 열립니다.

운현궁에는 한복 입기와 절하기, 생활 다례와 식사예절을 가르쳐주고 제기 만들기나 매듭 목걸이 같은 민속체험을 하는 등 하루에 3시간 정도의 예절교육과 보자기, 매듭, 전통자수와 한지 공예 등 다양한 전통 공예를 3개월이나 6개월 과정으로 가르쳐주는 문화교실이 있습니다. 시민들이 참여할 수 있는 프로그램이 많아 자주 찾아오고 싶은 곳입니다.

비원 손칼국수

창덕궁 주변은 원서동에서 사간동으로 이어지는 긴 골목 양쪽으로 아이와 먹을 만한 곳이 늘어서 있습니다. 창덕궁에서 가장 가까운 곳, 비원 손칼국수로 갑니다. 점심시간에는 주변 사무실 회사원들로 발 디딜 틈이 없으니 시간대를 피해서 가야 합니다. 이곳 칼국수는 육수가 담백하고 뽀얗게 우러나 맛있습니다. 아이들 먹기 좋은 만두와 전도 인기 메뉴입니다. 02-744-4848

중국

간판이 제대로 중국풍인 집입니다. 매콤하게 볶은 자장면과 탕수육이 맛있습니다. 경복궁에서 자하문 터널 근처까지 택시나 버스를 타고 가야하는 불편함이 있지만 먹어 본 사람들은 거리를 탓하지 않습니다. 경복고등학교 맞은편, 청운동 주민체육센터 옆에 있습니다. 오후 늦게 가게 되면 미리 식사가 가능한지 전화로 문의하는 게 좋습니다. 재료가 일찍 떨어지는 날은 영업시간이라도 문을 닫곤 합니다. 매주 일요일 휴무. 02-737-8055

민가다헌

H형 한옥에 솟을대문이 있는 민가다헌은 개화기 한옥의 특징을 잘 볼 수 있는 곳입니다. 디너타임에는 차손님을 받지 않으니 미리 문의하고 가세요. 인사동에서 가장 조용한 찻집 가운데 하나입니다. 한식과 양식의 퓨전 음식을 한옥에서 서양식 테이블 세트에 앉아 먹는 기분은 드라마 '궁'을 떠올리게 합니다. 사진을 찍어 주기에는 앞뜰보다 뒤뜰 테이블이 더 좋습니다. 02-733-2966

작은 프로방스

덕수궁 돌담길을 따라 정동제일교회를 지나 계속 걸어야 나오는 작은 프로방스는 아이들이 좋아하는 어린이 메뉴가 있습니다. 자극적이지 않은 맛이어서 아이들이 좋아합니다. 정동 길에 구경할 곳이 많으니 15분쯤 걸어도 지겹지 않게 닿을 수 있는 위치입니다. 02-757-7723

타셴

창경궁 앞에는 아이와 함께 먹을 만한 가게도 다리품을 쉬어 갈만한 카페도 없습니다. 혜화동의 타셴은 저녁이면 와인을 마시는 사람이 많고 어두워서 아이와 가기에 적당하지 않지만, 12~15시 런치타임에 샌드위치와 스프, 샐러드, 아메리카노 커피 세트메뉴가 7,000원입니다. 한낮이라면 샌드위치를 먹거나 타셴에서 출판한 예술서적을 구경해도 좋은 북카페입니다. 02-3673-4115

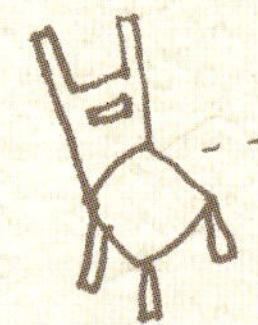

스프링 컴, 레인 폴(spring come, rain fall)

다이어리와 공책 디자인 회사 O-Check(공책으로 읽으세요)의 사무실. 1층은 꾸미지 않은 듯 꾸민 인테리어가 돋보이는 카페입니다. 이곳에서 찍은 사진은 풍부한 햇빛 덕에 어떤 각도에서 찍어도 예쁘게 나옵니다. 쿠하는 생과일주스, 엄마는 작은 냄비에 나오는 아보카토를 좋아합니다. 경복궁역과 대림미술관 사이 하얀 건물 1층입니다. 02-725-9554

빠리하노이

빠리하노이는 프랑스 유학길에서 베트남 국수의 맛에 반한 부부가 운영하는 곳입니다. 베트남 쌀국수는 국수그릇에 익히지 않은 숙주를 넣어 먹는 재미에 아이들이 좋아하는 메뉴입니다. 가끔 집에서 먹어본 적 없는 새로운 음식을 알려주는 것도 호기심 많은 아이들에게는 즐거운 나들이가 됩니다. 혜화역 1번 출구로 나와 큰 건널목을 건너면 왼편에 함흥냉면 끼고 우회전. 02-3673-1999

와이어 공예 할아버지

정동극장으로 가는 길, 테이블 하나에 작은 미니어처 물건을 만들고 있는 와이어 공예 달인을 만날 수 있습니다. 어린 아이들 눈에는 일상적으로 보던 물건이 크거나 작게 만들어진 것 만으로도 신기하기 마련입니다. 이날 쿠하는 동생을 태워준다며 작은 유모차를 골랐습니다.

아이와 함께 나선 길에서 엄마의 야무진 계획은 종종 무산되기 마련이다. 이제 막 걷기에 재미를 붙인 세 살 꼬마에게 무리한 일정인 줄 알면서도 엄마의 욕심은 더 많은 것을 보여주고 싶었다. 덕수궁만 해도 서울시립미술관과 정동제일교회를 거쳐 서대문 농업박물관까지 다녀오고 싶었지만, 사실 어른들도 소화하기 힘든 일정이었을 것이다. 깃발 관광 다니듯이 여기 보고 저기 찍고 오는 일정은 아이와 다니는 길에 맞지 않는다. 한꺼번에 너무 많은 것을 보여주려고 하면 아이는 보채고 짜증낼 수밖에.

발에 걸릴 것 없이 넓은 궁궐에서 마음껏 뛰어 놀고 온 날은 밥도 잘 먹고 잠도 잘 잤다. 처음에는 아이가 재미있어 할까 의문이 들면서도 서울이 600년이나 된 왕조가 있던 도시라는 걸 알려 주는데 궁궐만한 것이 없다고 생각했었다. 그래서 선택한 장소지만 의외로 궁궐은 어린 아이가 놀기에 좋고 여러모로 유익했다. 주차시설이 부족한 궁궐 산책은 지하철과 버스를 타는 게 몸도 마음도 편했다.

미술관 산책

아이가 태어난 뒤로 엄마의 취미는 뒷전으로 밀리고 모든 생활 속에서 아이의 시선이 우
선입니다. 그래서 새로운 작품이 전시되는 갤러리에는 더 부지런히 찾아다니게 됩니다.
우리 아이는 어려서부터 다양한 예술품들을 보고 자라면 좋겠습니다. 응축하고 부풀린 작
가들의 아이디어가 쿠하에게 전염되기를 바랍니다. 어렵다고 느끼면 점점 더 멀어질 뿐입
니다. 아이의 눈높이로, 아이가 보고 싶은 부분만 보고 오더라도 아쉬워 말아야겠습니다.

흥국생명 빌딩

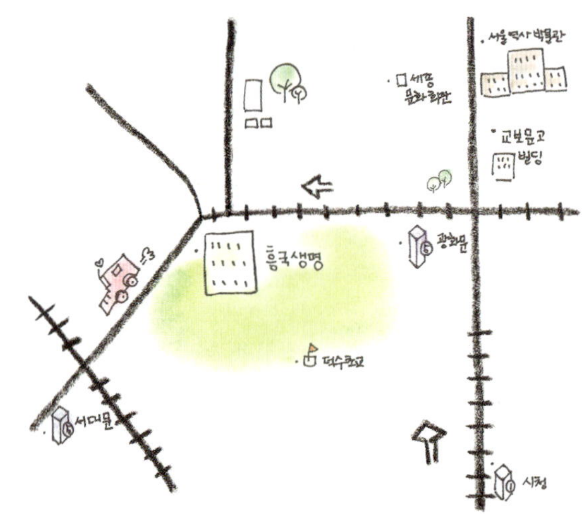

INFORMATION

- **위치** 서울시 종로구 신문로1가 266
- **전화** 02-2002-7777
- **관람시간** 11:00~17:30(월-금)
- **휴관일** 없음
- **요금** 무료
- **교통** 5호선 광화문 역 6번, 7번 출구 서대문
  방향으로 5분
  160, 260, 270, 273, 370, 470, 471

지하철 5호선 광화문역과 서대문역 사이에는 갤러리나 박물관 못지
않은 멋진 건물이 있습니다. 조나단 보롭스키의 '망치질하는 사
람'으로 유명한 흥국생명 빌딩입니다. 높이 22미터의 거인은
쉬지 않고 1분 17초마다 망치질을 합니다. 정말 부지런하지요. 주위
에 높은 건물이 많아서 제대로 느끼기 어렵습니다만 해머링 맨은 보
는 이들을 소인국 사람으로 만들어 버리기에 충분합니다. 아시아에
서 처음으로 설치됐고 세계적으로도 일곱 번째라고 합니다.

정문으로 들어서면 '아름다운 강산'을 만날 수 있습니다. 가로, 세로
3인치의 작은 채색 목판화 7,500개에 우리나라의 자연과 문화, 일상
에서 뽑아낸 이미지들을 담은 강익중의 작품입니다. 흥국생명 빌딩
1층 로비는 기존에 설치된 작품뿐 아니라 기획전이 열리는 갤러리로
도 사용됩니다. 때문에 건물을 찾는 시민들이나 회사원들은 오며가
며 자연스럽게 미술 작품을 만날 수 있습니다. 빌딩 지하에는 예술영
화관 씨네큐브가 있어서 다른 극장에서 보기 힘든 영화도 볼 수 있습
니다.

흥국생명 빌딩 2층에서 3층으로 가는 길은 아래가 훤히 내려다보이
는 유리계단입니다. 강화유리 세 장을 붙여 만든 이 계단은 아찔한
재미가 있습니다. 3층의 서울문화센터에서는 문화정보실, 일본어교
실, 이연홀 등을 운영합니다. 70여 종의 정기간행물, 책과 영화 1만
여 권을 구비한 문화정보실은 17세 이상이면 누구나 열람과 대출이
가능합니다(평일 오전 11시~오후 6시, 주말과 공유일 휴관. 문의 02~397
~2820). 흥국생명 빌딩에 들어오면 3층 이연홀도 잊지 않고 들릅니
다. 근·현대 예술 작가들의 특별전이 열린답니다.

우유빵

아저씨
안녕하세요

02

이상한 나라의 앨리스처럼 동심을 자극하는 곳

성곡미술관 조각공원

INFORMATION

- **위치** 서울시 종로구 신문로2가 1-101
- **전화** 02-737-7650
- **관람시간** 10:00~18:00(4~9월 매주 목요일 10:00~20:00)
- **휴관일** 매주 월요일
- **요금** 전시에 따라 변동
- **교통** 5호선 광화문역 7번 출구, 구세군회관 앞 우회전 400미터
  160, 260, 271, 273, 300, 370, 470, 471, 601, 720, 7019, 7023 서울역사박물관 앞 하차

그림책 두어 권 들고 가기 좋은 성곡미술관 조각공원은 지하철에서 20분 이상 걸립니다. 어른 걸음으로 10분도 채 안 걸리지만, 아이와 갈 때는 두세 배 더 길게 잡아야 합니다. 구세군회관과 서울역사박물관 사이 골목길. 여기서부터는 요령이 필요합니다. 호기심을 자극하기는커녕 쉬어갈 벤치 하나 없는 골목이니까요. 사탕이나 주스보다 효과 좋은 비책은 달리기 시합입니다. 엄마가 '준비~' 하고 말꼬리를 늘어뜨리면 '땅!' 은 쿠하가 외칩니다. 이날 쿠하는 어느 식당 앞에서부터 성곡미술관까지 쉬지 않고 내달렸습니다. 시계 톱니바퀴, 트로피, 포크와 스푼, 주전자 등 일상적으로 사용하는 물건을 많이 모아서 만든 아르망 페르난데스의 작품을 한참 동안 올려다봅니다. 쿠하 아빠는 가끔씩 커피를 내려주는데요, 그때 보던 주전자를 온 몸에 덕지덕지 붙인 작품이 쿠하 눈에는 이상해 보이는 모양입니다.

성곡미술관 조각공원은 도심 한복판에 있다고 생각되지 않는 곳입니다. 오래된 나무가 많은 숲 속에 있는 기분입니다. 목조 산책로를 따라 국내외 유명 작가들의 조각 작품을 볼 수 있어 아이와 함께 가기 좋은 갤러리입니다. 어린이 참여 프로그램도 많이 열리는 편으로 2년 전에 열린 존 버닝햄과 앤서니 브라운 그림책 전시회는 지금까지 가장 기억에 남는 전시 가운데 하나입니다.

본관 전시가 아이와 보기에 적당하지 않는 날이면 아예 갤러리에는 들어가지 않고 미술관 뒷동산으로 곧장 올라갑니다. 공기도 좋고, 조용하고, 서울에 이런 곳이 있다는 것이 놀라울 정도입니다. 뒷동산에서 시원한 나무그늘 아래 앉아 그림책 두어 권 읽어주기에 그만입니다.

미술관 제일 안쪽에는 사람들이 속닥거리기 좋은 카페가 있습니다. 오고가는 사람들의 속내를 나무들은 늘 말없이 들어주는 것 같습니다. 매주 월요일, 미술관은 쉬는 날이지만 다행히 숲 속 카페는 문을 엽니다. 어쩌면 갤러리 손님이 뜸한 날 이곳을 찾는 게 더 조용한 시간을 보낼 수 있는 방법인지도 모르겠습니다. 야외 테이블은 다른 손님들 눈치 안 보고 즐기기 좋은 자리입니다. 위험한 것 없는 잔디밭에서 아이는 뛰고 엄마는 전시회 도록을 편하게 읽을 수 있어 좋습니다.

공존으로 향하는 길과 건물
인사동

INFORMATION

- **위치** 서울시 종로구 관훈동 38번지
- **전화** 02-736-0088
- **휴관일** 없음
- **요금** 무료
- **교통** 3호선 안국역 6번 출구 인사동 방향
  109, 151, 162, 171, 272, 601, 7025
  종로경찰서 하차

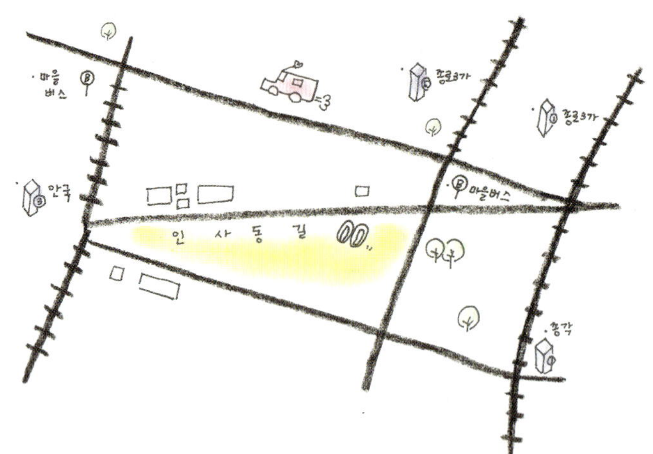

건물 안에 길이 생겼습니다. 복도가 아니라 진짜 길입니다. 1층부터 4층까지 뱅글뱅글 나선형 길로 이어져 있는 쌈지길에는 전통과 현대가 공존합니다. 인사동을 가장 인사동답게 만드는 공간입니다.

첫오름길부터 세오름길까지 다양한 공예 상품을 파는 가게들이 입주해 있어, 나선을 따라 올라가며 구경하는 재미가 쏠쏠합니다. 지하 1층부터 4층까지 계단을 따라 높게 핀 인조 장미 꽃을 감상하며 내려가는 것도 재미있습니다. 1천2백여 평의 나선형 건물에는 70여 개의 수공예품 가게, 문화상품과 기념품 가게, 갤러리, 음식점들이 입주해 있습니다.

아이와 걷다보면 아이의 발걸음에 맞춰 적당히 쉬어주는 요령이 필요합니다. 사람이 많은 인사동에서는 적당히 쉴 공간을 찾기 어렵습니다. 카페나 공원 벤치를 찾기 마련인데, 주말의 인사동에서는 그럴 여유조차 없이 빡빡합니다. 쌈지길에는 층 중간에 쉬는 곳이 있는데, 재미있는 편이니까 한번쯤 쉬어보길 바랍니다.

복잡한 인사동을 벗어나 조계사로 가는 길, 쿠하와 엄마가 즐겨 찾는 벤치가 있습니다. 세계지도가 그려진 바닥분수가 있고, 기념우표들이 타일로 장식된 공원이 있습니다. 갑신정변의 발화지인 옛 우정총국 자리입니다.

지금은 체신기념관이 들어서 있고, 주변에는 조계사와 새로 문을 연 불교중앙박물관이 있습니다. 귀한 불교 자료를 볼 수 있는 박물관은 조명이 어두워서 그런지 쿠하는 싫어합니다. 연등이 어둠을 밝히는 사월초파일 근처에는 조계사로 연등 구경을 가지만, 평소에는 우정총국에서 쉬어 갑니다. 쿠하가 좀 더 자라서 편지를 쓸 수 있는 나이가 됐을 때 손으로 편지를 써서 우체통에 넣는 설렘을 쿠하가 느껴볼 수 있을까요? 요즘처럼 이메일이 일상화된 시절에 거리에서 사라진 우체통을 만나는 기분은 오래된 과거를 만나는 기분입니다.

PHOTO STORY

04 정동 서울시립미술관

INFORMATION

- **위치** 서울시 중구 서소문동 37
- **전화** 02-2124-8800
- **입장시간** 평일 10:00~21:00(주말 19:00까지)
- **휴관일** 1월 1일, 매주 월요일
- **요금** 어른 700원, 19세 이하 무료
- **무료관람일** 매월 넷째주 일요일, 설날, 추석, 3·1, 광복절, 개천절, 하이서울 페스티벌 기간
- **교통** 시청역 1호선 1번 출구, 2호선 11번·12번 출구
  103, 109, 150, 172, 401, 402, 406, 472 등

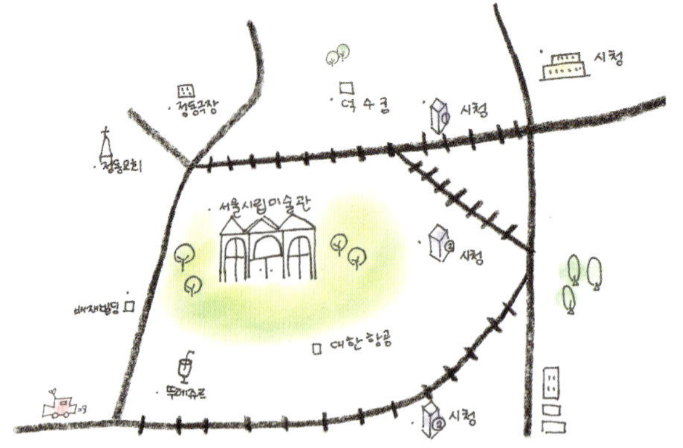

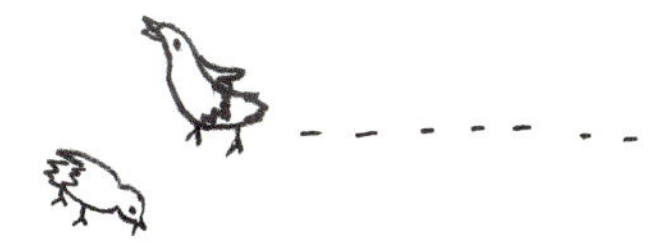

정동은 아이와 걷기 좋은 거리입니다. 덕수궁 낙엽이 돌담을 타고 떨어지는 가을을 이 길의 절정으로 치지만, 촘촘히 심어둔 가로수에 새 잎이 피는 봄이나 음악분수대가 아이들을 끌어당기는 여름에도 괜찮은 코스입니다. 덕수궁 돌담길을 따라 천천히 십여 분 쯤 걸으면 서울시립미술관이 나옵니다.

대한제국 시절 러시아, 프랑스, 영국, 미국 등 서양 열강의 공사관이 모여 있던 자리가 지금은 미술관과 극장이 있는 문화의 거리가 되었습니다. 벌써 5회째 열린 「미술관 봄 나들이」전은 서울시립미술관 앞마당에서 펼쳐지는 설치미술 전시회입니다.

시립미술관을 뒤로 하고 정동극장으로 갑니다. 전통예술을 상설로 공연하면서 '브레멘 음악대' 같은 어린이 뮤지컬도 하는 곳이지요. 브레멘 음악대를 쓴 그림형제가 태어난 하나우로부터 브레멘까지 약 600킬로미터 거리를 '메르헨가도'라고 부르는데요, 지하 공연장으로 가는 길은 메르헨가도를 주요 테마로 꾸며놓았습니다. 라푼젤, 빨간 모자 등 동화책에서 만났던 캐릭터들은 인기 있는 포토존입니다.

정동제일교회는 1897년에 완공된 건물로 110년이 넘게 오래된 교회지요. 빨간 벽돌 교회는 사적 256호로 지정돼 있는 우리나라 최초의 서양식 개신교 건축물입니다. 개화기 우리나라 기독교의 중심이 됐던 이곳에서 3·1운동 때 기독교 측 민족대표 16명을 확정했다는군요. 3·1운동 때 회합장소로 쓰였는데 당시 이화학당 학생이던 유관순 열사도 이 교회에 다녔다고 합니다.

서울시립미술관이나 정동극장에 가는 날은 지하철이나 버스가 제격입니다. 주차시설이 충분치 않은 구도심이기도 하지만, 정동길은 걸어야 제 맛이기 때문입니다. 덕수궁에서 시작되는 이 거리는 차도가 좁고 인도가 넓은 보행자 중심의 길이기 때문에 아이와 걷기에 더없이 좋은 길입니다.

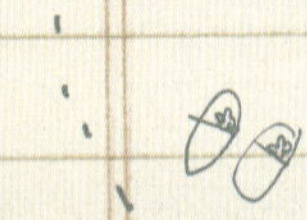

가나아트센터와 환기미술관을 한번에

미술관 버스

INFORMATION

- **경로** 인사동 인사아트센터~평창동 가나아트센터 순회
- **전화** 02-720-1020(평창동), 02-736-1020(인사동)
- **가나아트센터 위치** 서울 종로구 평창동 97번지
  (02-720-1020)
- **환기미술관 위치** 서울 종로구 부암동 210-8번지
  (02-391-7701)
- **휴관일** 명절 및 매주 월요일
- **요금** 대인, 소인 모두 1,000원
- **교통** 3호선 안국역 6번 출구

평창동에는 가나아트센터, 토탈미술관, 김종영미술관, 키미아트 등 골목마다 규모 있는 갤러리들이 많이 모여 있고, 부암동에는 환기미술관과 갤러리 호기심에 대한 책임감이 있습니다. 갤러리에서 멀지 않은 곳에 괜찮은 카페가 있어, 커피를 좋아하는 엄마는 제사보다 젯밥에 더 정신이 팔리곤 합니다.

지난 1998년 가을에 생긴 미술관 버스는 명절과 월요일을 제외하고는 연중무휴로 운행됩니다. 운전사 김정웅 아저씨는 미술관 버스만큼이나 인기가 많습니다. 미술관을 찾는 관람객들에게 음악과 여유를 선물하기 때문입니다. 미술관으로 향하며 듣는 조용하고 경쾌한 피아노곡은 아이와 엄마의 지친 오후를 재충전해 줍니다.

미술관 버스를 타고 환기미술관 앞에서 내리면 길 건너에 빨간 카페와 흰 갤러리를 볼 수 있습니다. 대성이용원을 중심에 두고 '호기심에 대한 책임감'은 갤러리와 카페로 나뉜 독특한 공간입니다. 전시장은 작아도 젊은 작가들의 다양한 기획전을 볼 수 있습니다.

환기미술관에서는 아이들과 엄마가 함께 할 수 있는 어린이 미술교육 프로그램이 자주 열립니다. 홈페이지를 통해 미리 확인한 후 미술관에서 엄마와 작업하는 특별한 추억을 만들어 주세요.

비탈진 골목 입구, 환기미술관으로 가는 길에 만나게 되는 동양방앗간은 직접 만든 떡을 팝니다. 빨간 벽돌 위에 빛바랜 흰 페인트로 써 있는 상호가 이 집의 역사를 느끼게 해 줍니다. 40년 넘게 새벽 6시면 문을 여는 할머니의 떡은 색소는 물론 인공감미료도 넣지 않는다고 합니다. 직접 만든 찹쌀떡·인절미·증편·쑥떡·백설기는 인기가 많아 오후 늦게 가면 다 팔려서 맛볼 수 없을지도 모릅니다.

미술관 버스의 종점은 평창동 가나아트센터. 버스에서 내리면 눈보다 코가 먼저 반응합니다. 북한산 형제봉 아래 공기는 시내 한복판 인사동과는 비교할 수 없이 깨끗합니다. 가나아트센터의 매력은 1층과 2층에 있는 위압적이지 않은 적당한 크기의 전시실과 야외 공간

의 편안함입니다. 햇살이 따뜻하고 바람이 선선하게 부는 날, 스케치북과 색연필 몇 자루 챙겨가세요. 나무로 마감한 계단식 야외 공연장에 앉아 풍경 스케치를 해도 좋고, 전시회를 본 느낌을 마음대로 그려보는 것도 아이들은 재미있어 합니다. 세상에 둘도 없이 귀엽고 난해한 추상화 하나를 얻게 되지 않을까요?

평창동에는 걸어서 2~3분 거리에 갤러리들이 모여 있습니다. 공기 좋은 곳에서 여유 있게 그림과 휴식을 즐기고 다시 미술관 버스를 타고 인사동으로 옵니다. 마치 복잡한 설치미술에서 현대적인 산수화 속으로 소풍 다녀온 기분입니다.

길들여지기

정동극장 안에 있는 카페와 레스토랑입니다. 아이와 함께 할 때 다른 손님들에게 폐 끼치지 않고 맛있는 걸 먹기가 쉽지 않습니다만 이곳은 테이블 신경 쓰지 않고 편안한 오후를 보낼 수 있는 곳입니다. 햇빛 잘 드는 마당을 앞에 두고 있는 곳이라 아이들이 마당에서 뛰어놀 수 있기 때문입니다.
02-319-7083

자하 손만두

환기미술관이 자리한 부암동은 눈과 입이 모두 즐거운 동네입니다. 만둣국 한 그릇 먹기 위해 일부러 가고 싶은 집이 미술관 앞에 떠억 버티고 있으니까요. 전시회 구경을 마치고 만둣국 먹고, 커피 마시고, 떡도 사먹으면 사실 배보다 배꼽이 더 커지긴 합니다. 어른들 모시고 3대 가족나들이 하는 날 가면 할아버지, 할머니부터 손자 손녀까지 모두 만족할 수 있는 곳입니다. 02-379-2648

클럽 에스프레소

우리나라 최초로 커피 아카데미를 연 마은식 씨가 운영하는 곳으로 커피 좋아하는 사람들이 즐겨 찾는 곳입니다. 로스팅 시설을 갖춰놓고 1층과 지하를 카페로 사용하며 핸드드립으로 커피를 내려주는 카페입니다. 환기미술관 입구 동양방앗간에 들러 아이가 좋아하는 떡을 사가면 커피 마시는 동안 아이를 떡에 집중시키기 좋습니다. 아이랑 가기에 편한 곳은 아니지만, 2층 화장실로 가는 길에 로스팅 작업공간을 보여주면 좋아합니다. 02-764-8719

뽀모도로

가게가 작아서 테이블이 많지 않습니다. 스파게티를 좋아하는 아이들이라면 줄 서서 기다릴 만한 집입니다. 국기 알아맞히기에 관심을 갖기 시작한 쿠하를 위해 메뉴는 미리 정하고 갑니다. 빨강색 토마토소스 스파게티, 하얀색 까르보나라 스파게티에 초록색 오이피클을 담은 작은 접시를 잘 배치해서 이탈리아 국기를 만들어주면 너무너무 좋아합니다.
02-738-1991

툇마루집

맛있는 된장 비빔밥을 먹을 수 있는 툇마루집 지하는 쿠하네 단골집입니다. 신발을 벗고 들어가 앉으면 의자에 앉아서 먹을 때보다 덜 돌아다닙니다. 부추를 썰어 넣고 비벼서 말갛게 끓인 북어국과 함께 주면 밥투정 안하고 잘 먹습니다. 양으로 승부하는 집은 아니어서 쿠하 몫으로도 한 그릇 시켜줘야 부족하지 않습니다. 02-739-5683

작은 인디아

인사동 네거리에서 쌈지길 방향으로 올라가다 보면 왼편에 주황색 간판이 눈에 띕니다. 2층과 3층으로 꾸며진 인도풍 카페 '작은 인디아'는 톡톡 튀는 그림과 색깔로 장식한 인테리어가 신기한 곳입니다. 커리와 요거트, 라씨와 차이 등 색다른 맛으로 인사동 나들이에 변화를 주세요. 02-730-5528

세븐 스프링스

성곡미술관과 경희궁, 서울역사박물관과 농업박물관 등 광화문 윗길 나들이를 할 때는 먹을거리 아이템도 미리 생각해두는 게 좋습니다. 한정식이나 샤브샤브, 고깃집이 즐비한 사무실 밀집 지역에서 아이와 마땅히 갈만한 음식점이 눈에 띄질 않습니다. 흥국생명 빌딩 지하 아케이드에서는 다양한 국적의 음식을 골라 먹을 수 있습니다. 식단이 마음에 드는 패밀리 레스토랑 세븐 스프링스도 입점해 있습니다. 고기 메뉴를 주문하지 않고 샐러드바만으로도 충분하고, 맛도 자극적이지 않아 좋습니다. 쿠하처럼 어린 아이에게 먹일 만한 메뉴도 꽤 많은 곳입니다. 02-2122-2670

라비아

부암동 환기미술관으로 가는 길, 일부러 찾지 않으면 진한 녹색 나무 간판이 지나치기 쉽습니다. 라비아는 이탈리아 말로 '봄'을 뜻한다고 하네요. 파스타와 리조또가 맛있는 이 집은 아담한 가게와 잘 어울리는 벽화, 부암동 일대를 그린 작고 정겨운 풍경화들이 오래 기억되는 집입니다. 02-395-5199

어린 아기도 그림을 본다. 이 얘기를 들으면 당연하다고 생각하는 사람도 있을 것이고 잠꼬대 한다고 생각하는 사람도 있을거다. 나도 아이를 키우기 전에는 어린 아이가 그림에 반응할 것이라고 전혀 예상 못했었다.

쿠하가 태어난 지 백일이 되는 날부터 미술관에 데리고 다니기 시작했는데, 처음으로 작품에 대한 반응을 보인 건 6개월 무렵이었다. 온 가족이 미술관에 갔을 때, 박수근의 어두컴컴한 그림 앞에서 쿠하는 엄마 가슴에 얼굴을 파묻었다. 그러더니 자코메티의 극단적으로 마른 조각상 앞에서는 아예 울음을 터뜨렸다. 그때까지는 설마설마 했는데, 장욱진 그림 앞에 서니 까르르 소리를 내며 웃었다. 세 번 모두 우연의 일치였는지 모르지만 내 입장에서는 아이도 그림을 본다고 해석할 수밖에 없었다.

옆에 서 있던 도슨트는 "이렇게 어린애가 그림에 반응을 보인다는 걸 처음 알았다."며 아기가 몇 개월이냐고 묻기도 했다. 현대 미술에는 애한테 보여주고 싶지 않은 충격적인 이미지들도 있지만, 작가들의 새롭고 신선한 이미지들을 많이 보여주고 싶다. 변화를 자연스럽게 받아들일 수 있는 아이로 자라기를 바라니까.

느릿느릿 서울을 걷자

'걷기'가 화두인 요즘, 서울성곽은 본격적인 자연문화탐방의 문을 연 길이라고 할 수 있습니다. 산꼭대기를 향해 욕심내어 오르기만 했던 '등산'을 뛰어넘어 산자락 아래로 천천히 걸으면서 생태와 역사, 그 속의 나를 다시 한 번 생각해보는 '걷기'를 시도하는 길입니다. 지켜내야 할 서울 도심의 생태축이기도 하며, 외국 관광객들에게는 무엇에도 뒤지지 않을 한국의 자랑거리임에 틀림없지요. 언제라도 녹색이 그리워 떠나고 싶을 때, 멀리 갈 것 없이 서울을 걸어보세요. 걷고 싶은 도시, 서울에서 생태적으로 걸어보세요.

성곽의 길이는 18.2km, 성곽 안팍으로 난 순례길의 길이는 약 23km, 녹색연합에서는 순례길을 4개의 구간으로 나누어 소개하고 있는데, 구간별로 2~3시간이면 충분히 걸을 수 있는 코스입니다. 숭례문을 시작으로 장충체육관에 이르는 구간은 남산 자락을 넘나듭니다. 서울시민의 휴식 공간으로 이름난 남산에 서울성곽이 있다는 사실을 아는 사람이 몇이나 될까요. 옛 식물원 자리부터 남산타워까지 오르는 계단이 바로 성곽을 따라 이어져 있습니다.

숲 그늘을 따라 잠두봉 전망대에 서면 강북 한복판을 시원하게 조망할 수 있는데, 600년 전 서울성곽이 놓여 있었을 내사산이 한 눈에 옵니다. 서울을 재발견하는 순간입니다. 남산타워에서 잠깐 끊어졌다가 다시 이어져 내려가는 성곽은 남산 순환로를 따라 타워호텔까지 숨바꼭질을 합니다. 자동차가 다니기 편한 길을 만들어야 했기 때문이지요. 그러나 숨바꼭질 끝에는 서울성곽 순례의 백미를 만나게 됩니다. 타워호텔 뒤편에서 장충체육관까지 1km 구간은 성곽을 따라 산책하듯 걸으면서 역사, 문화, 생태는 물론 지금을 살아가는 사람들과 오랜 역사가 어떻게 공존하고 있는지를 살펴볼 수 있는 구간입니다.

빼곡히 들어선 건물과 자동차가 씽씽 달리는 대로가 역사의 흔적을 지워버렸기 때문입니다. 게다가 '동대문디자인플라자파크' 공사가 한창인 동대문운동장에서 서울성곽의 흔치 않은 부속시설인 치성과

이간수문이 발견됐는데도 복원에 대한 계획은 크게 나오지 않는 것 같습니다. 진정 관광 활성화를 위한다면 번쩍이는 현대식 건물을 새로 짓는 것보다 우리 역사와 문화가 고스란히 담긴 성곽을 복원하는 것이 훨씬 가치 있는 일일텐데 말이지요.

웅장한 규모를 자랑하는 흥인지문에서 낙산을 타고 넘는 구간은 성곽 안팎을 골고루 걸을 수 있도록 잘 다듬어져 있습니다.

낙산이 워낙 낮은 산이라 걷기에도 편할 뿐더러 서울에서 보기 힘든 오래된 골목과 집들, 개나리와 벚꽃, 느티나무, 단풍나무의 향연 속에서 도심 속 산책을 즐기기에 더할 나위 없이 좋은 곳입니다.
혜화문부터 숙정문을 지나 창의문까지는 북악산 자락입니다. 성곽의 흔적이 희미하게 남아 있는 주택가 골목을 지나면 아기자기한 와룡공원을 시작으로 성곽의 제 모습이 나타납니다. 북악산 구간은 서울 성곽 전체에서 그 모습이 가장 잘 남아 있는 구간입니다. 청와대를 수호하는 군사시설 보호구역인 탓

에 40년 넘게 출입이 금지되었었지만 2007년부터
는 일반 시민들에게도 공개되었습니다. 문화재청에
서 10시와 2시, 하루에 두 번 운영하는 성곽 해설을
듣는 재미도 쏠쏠합니다. 아이들과 함께하면 더없
이 좋은 교육의 기회가 될 것 같습니다.

창의문에서 남쪽으로 힘차게 뻗은 인왕산 구
간에서는 서울이란 도시가 조금 더 애틋하게
다가옵니다.

조선의 도읍과 성곽의 자리를 정하기 위해 정도전
과 무학대사가 쏟은 정성이 서려 있기도 하고 서울
4대문 안의 모습을 가장 실감나게 바라볼 수 있기
때문입니다. 멀리 삼각산을 배경으로 북악산과 인
왕산을 넘나드는 성곽의 자태는 600년 동안 잠들어
있던 역사가 우리 삶 속에서 어떤 의미로 되새김 되
어야 하는지 생각하게 합니다. 또 다시 도심에서 길
을 잃은 서울성곽은 정동길의 근현대사를 거쳐 현
대의 숭례문에서 마무리 됩니다.

(자료제공 : 녹색연합)

※ 서울성곽안내서는 서울 시내 관광안내소에서 받을 수 있으며, 궁금
  한 점은 녹색연합(www.greenkorea.org)으로 문의해주세요
  녹색연합은 1991년 창립해 시민의 후원으로 활동하는 민간환경단체
  입니다. 백두대간보전운동, 야생동물보호활동, 비무장지대보전활동,
  기후변화대응활동과 더불어 우리의 삶을 바꾸는 생태교육, 녹색생
  활운동 등을 펼칩니다.

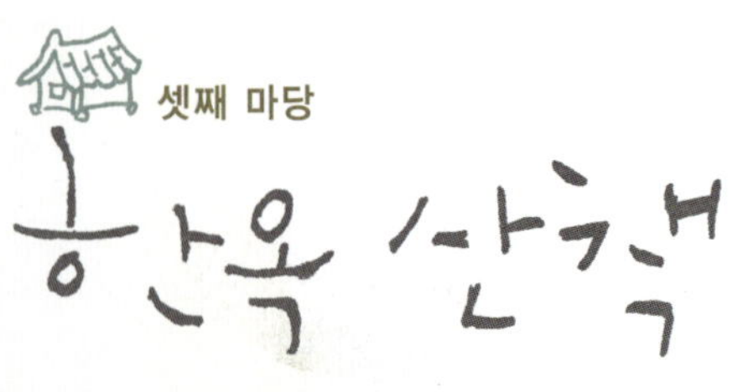

셋째 마당
한옥 산책

초고층 빌딩이 즐비한 서울에도 주인의 고집으로, 시민들의 정성으로 보존
되는 한옥들이 있습니다. 참 다행입니다. 직사각형 아파트에 사는 아이에게
처마와 툇마루가 있는 집을 보여주고 싶었습니다. 은은한 창호지와 들어열
개 문의 시원함을 동시에 느끼게 해 주는 집, 한옥에서 우리는 '따로 또 같
이' 즐거운 한 때를 보냈습니다.
마당을 가로지르며 바빠지는 딸아이와 반대로 엄마는 툇마루에 앉아 한가
해집니다. 물확이 좁다고 아우성치듯 자란 부레옥잠과 워터코인을 구경하느
라 아이는 댓돌에 올라설 줄 모르고, 엄마는 담장을 따라 들어선 좁고 긴 정
원에 반해 베란다를 수생식물로 꾸밀 묘안을 짜느라 말수가 줄어듭니다.

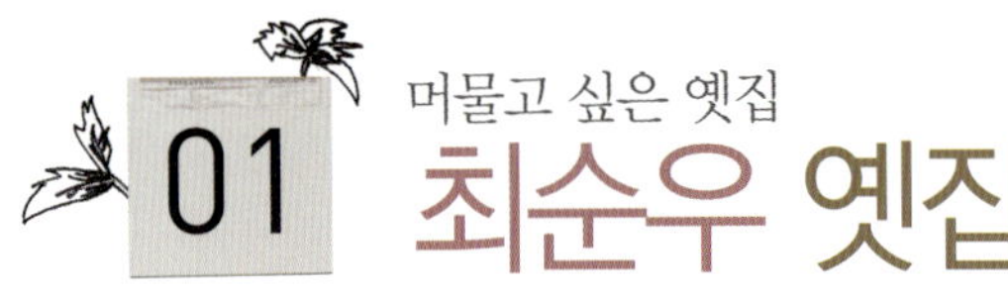

01 최순우 옛집

INFORMATION

- **위치** 서울시 성북구 성북2동 126-20
- **전화** 02-3675-3401
- **관람시간** 10:00~16:00 (오후 3시 30분까지 입장가능)
- **휴관일** 매주 일, 월요일 휴관
- **요금** 무료
- **교통** 4호선 한성대 입구역 6번 출구에서 하차

  1111, 2112번 버스, 03번 마을버스 홍익중고 앞 하차. 길 건너 등촌칼국수와 세탁소 사이 골목 안에 위치

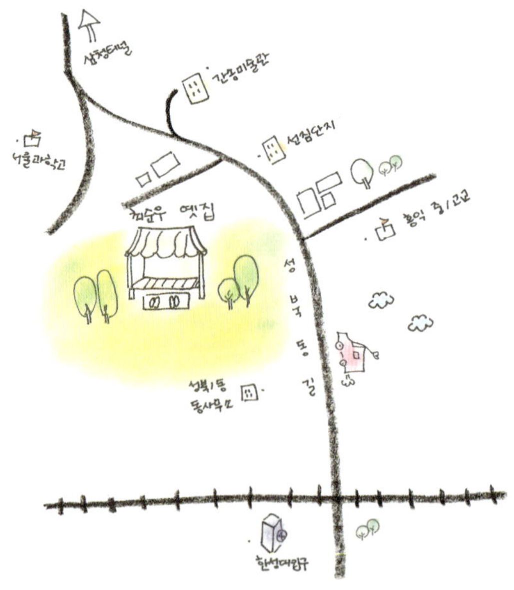

단청으로 멋을 낸 궁궐이나 사찰에서 느낄 수 없는 살림집의 담백함을 최순우 옛집에서 고스란히 맛 볼 수 있습니다.

지긋이 밀어두면 제 몸을 숨기고 안과 밖을 이어주는 미닫이창과 스위스 여행길에 직접 사왔다는 소 방울이 처마 밑에서 떠난 주인을 기억하는 듯합니다.

국립박물관장으로 일하며 우리 문화재를 연구했던 혜곡 최순우 선생이 1976년부터 돌아가실 때까지 이곳에 살면서 〈무량수전 배흘림기둥에 기대서서〉를 썼다고 합니다.

'ㄴ자형' 바깥채와 'ㄱ자형' 안채가 마당을 사이에 두고 앉아 있는 'ㅁ자형' 가옥의 대문으로 들어서면 왼편에 안내소와 사무실이 있습니다. 댓돌에 검정고무신과 흰고무신이 나란히 놓인 집에는 자원봉사자들이 상주해 있어 언제든 집에 대한 안내를 부탁할 수 있습니다. 현판에 적힌 杜門卽是深山두문즉시심산은 '문을 닫아걸면 이곳이 바로 깊은 산'이라는 뜻으로 선생이 직접 지은 글귀라고 합니다. 안채 뒤 작은 뜰에는 달항아리가 소나무며 담쟁이들과 조화롭게 앉아 있습니다. 툇마루에 앉아 바라보는 정원은 이 집을 찾은 시민들에게 인기 만점입니다. 둥근 차탁에는 가볍고 따뜻한 보리차가 준비돼 있는데, 조용히 오후 해바라기를 하기에 좋은 환경입니다. 한 시간 쯤 머물며 아이는 한옥 뒤뜰에서 제 마음대로 놀고, 그림책도 읽었습니다.

PHOTO STORY

600년 한옥마을의 베이스캠프

북촌문화센터

INFORMATION

- **위치** 서울시 종로구 계동 105
- **전화** 02-3707-8270, 8388
- **입장시간** 9:00~18:00
- **휴관일** 없음
- **요금** 무료
- **교통** 3호선 안국역 3번 출구 현대빌딩 골목 중앙고등학교 방향
  109, 151, 162, 171, 172, 272, 601, 7025 번 안국역 사거리 하차

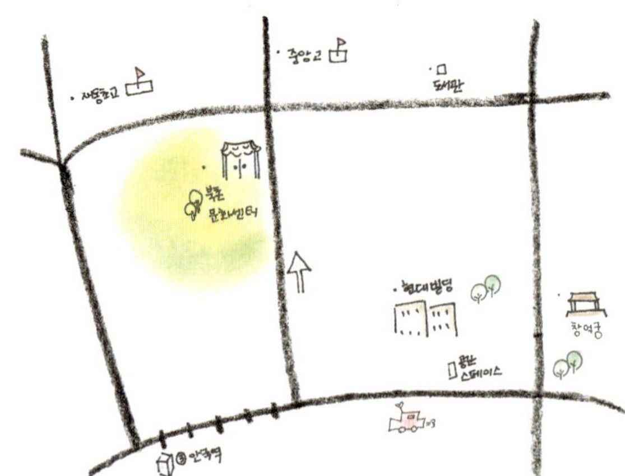

북촌은 지금의 가회동, 삼청동, 원서동, 재동, 계동을 부르
는 이름으로 청계천과 종로의 윗동네라는 뜻에서 지어진 별
칭입니다. 모두 경복궁과 창덕궁 사이에 있는 동네들이지요.
목멱산 아래 남산 한옥마을 터에는 가난한 선비들이 모여 살았고, 두
궁궐 사이 북촌에는 궁궐에 드나들었던 조정의 대신들이 살았습니
다. 권세 있는 이들이 모여 살았던 양반 동네 가운데서도 으뜸가는
동네였다지요. 고위관직에 오른 양반과 왕족이 살던 고급 주거지는
1920~30년대에 대대적인 개축이 이뤄져 오늘날의 회색 기와지붕
골목으로 바뀌었습니다.

북촌문화센터는 1921년 일제강점기에 나라의 예산, 조세, 재무 등을 담당하는 탁지부 재무관을 지낸 민형기의 집을 복원한 것으로, 1900년 이전 북촌에 지어진 양반집의 전형적인 유형이라고 합니다.

이 집을 2002년 서울시가 북촌 가꾸기의 일환으로 매입해 도시형 주택으로 복원하여 북촌문화센터로 이용하기 시작했습니다.

북촌문화센터에서는 저렴한 비용으로 서예, 민화, 보자기, 천연염색, 매듭, 짚풀 공예 등 다양한 전통문화를 배울 수 있습니다.

대문을 들어서면 'ㄷ자형' 문간채와 'ㄱ자형' 사랑채가 나오고 중문을 지나면 'ㄱ자형' 안채와 연결되어 있습니다. 현재 안방과 부엌을 터서 사무실로 꾸미고 행랑채는 전시관으로 쓰이는데 북촌에 대한 영상물과 다양한 자료를 볼 수 있습니다.

서울에 오래 살던 사람이라도 골목골목 이어진 북촌을 여행할 때는 안내지도가 필요합니다. 물론 헤매다 발견하는 기쁨을 누리고 싶은 모험가 스타일이라면 처음부터 발길 닿는 대로 걷는 걸 추천합니다만 아이와 함께 갈 때는 반드시 지도를 들고 가세요. 좁은 골목으로 이어진 주택가에서 헤매다가 제대로 구경도 못하고 돌아가지 않으려면 말이지요. 길눈이 꽤 밝은 저는 어지간한 곳은 대충 검색해 보고 바로 찾아가는 편인데, 북촌만큼은 갈 때마다 손바닥 크기의 안내책자를 먼저 챙깁니다.

아이에게 사람 사는 한옥을 보여줄 욕심에 용기를 내어 초인종을 누릅니다. 낯선 방문객이 어색해하지 않도록 주인장은 반갑게 나무 대문을 열어줍니다. 마당 한 바퀴를 휘휘 돌아보고 고맙다는 말 한마디 드리고 나옵니다. 북촌에는 '개방형 한옥'이라고 표시된 집들이 종종 눈에 띕니다. 관심 가는 분야의 전통 문화를 잇고 있는 집이 보이면 주저 말고 한번 쯤 초인종을 눌러 보세요. 어쩌면 엄마의 새로운 취미가 그 문 안에 기다리고 있을지도 모르니까요.

03 남산 한옥마을

INFORMATION

- **위치** 서울시 중구 필동 2가 84-1
- **전화** 02-2266-6923~4
- **입장시간** 9:00~22:00 (11~2월 20:00까지)
- **휴관일** 매주 화요일
  (단 전통정원은 개방, 화요일이 공휴일인 경우 다음날 휴무)
- **요금** 무료
- **교통** 3, 4호선 충무로역 3번 출구
  0013, 0211, 104, 105, 263, 371, 400, 604, 7011번 퇴계로3가 극동빌딩 앞 하차

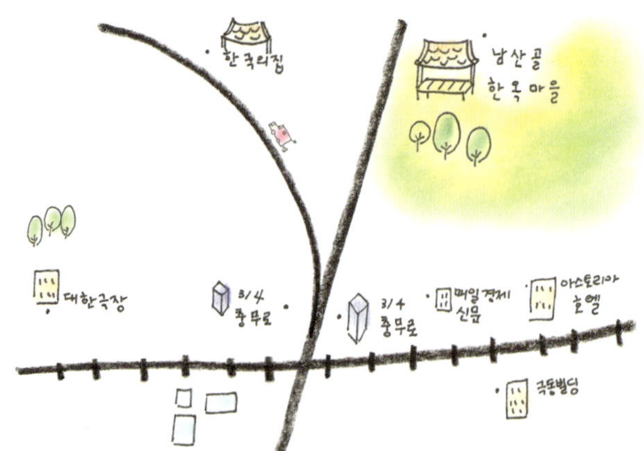

남산 한옥마을은 종로구 옥인동에 있던 순정효황후 윤씨 친가가 복원되어 있는 등 왕족과 사대부, 서민까지 다양한 계층의 집을 모아둔 마을이지요. 집 안에는 가구와 살림살이까지 배치해 두어 조선 후기 사람들의 생활을 엿볼 수 있습니다.

마을 안의 정원은 남산의 산세를 자연스럽게 살려 계곡을 만들고, 정자와 연못으로 전통 정원의 맛을 살렸습니다. 연못 근처 전통 공예 전시관에는 무형문화재로 지정된 기능보유자들의 작품과 관광 상품이 전시되어 있습니다.

박영효 가옥은 한옥마을로 옮겨오기 전까지 인사동에서 경인미술관으로 사용됐는데, 조선 후기 서울 8대가八大家 가운데 하나였다고 합니다. 집 주인 박영효는 조선의 25대 왕인 철종의 외동딸 영혜옹주와 결혼해 부마도위가 됩니다. 그러나 결혼한 지 3개월 만에 옹주가 죽고, 공식적인 재혼은 하지 않은 채 왕실에서 보내준 첩을 받아들였다고 전해집니다. 조선시대 부마들은 공주나 옹주가 죽으면 재혼을 할 수 없었다고 하네요.
파란만장했던 집주인의 인생과 달리 집은 고요하고 정갈합니다. 한옥마을 정문을 바라보면 멀리 매일경제신문사 사옥이 기와집 뒤로 우뚝 서 있지만, 마을 뒤는 남산이라 눈이 한결 편안합니다.

도편수(목수의 우두머리) 이승업 가옥은 현재 차와 식사를 할 수 있는 전통찻집으로 쓰입니다. 조선 후기 흥선대원군이 경복궁을 중건할 때 도편수였던 이승업이 1860년에 직접 지은 집이라네요. 원래 삼각동에 있던 집을 남산골 한옥마을이 조성될 때 옮겨 복원했다고 합니다. 대문간채와 행랑채가 안채와 사랑채를 둘러싸고 있는 규모가 큰 집이었다고 합니다만 지금은 안채와 사랑채만 남아 있어 원래의 모습을 짐작하기 어렵습니다. 여름 별미인 콩물국수와 녹두전으로 허기를 달랬는데 예상보다 맛있고 친절해서 다시 찾고 싶은 집입니다.

집 안에서 만나는 우리 그림

가회박물관

INFORMATION

- **위치** 서울시 종로구 가회동 11-103
- **전화** 02-741-0466
- **관람시간** 10:00~18:00
- **휴관일** 매주 월요일
- **요금** 어른 3,000원, 학생 2,000원
- **교통** 3호선 안국역 2번 출구 500미터 직진 전통병과교육원 옆 가회어린이집 골목 30미터. 안국역 2번 출구 앞에서 2번 마을버스 타고 전통병과교육원 앞 하차, 도보 1분
  109, 151, 162, 171, 172, 272, 601, 7025번 종로경찰서 하차

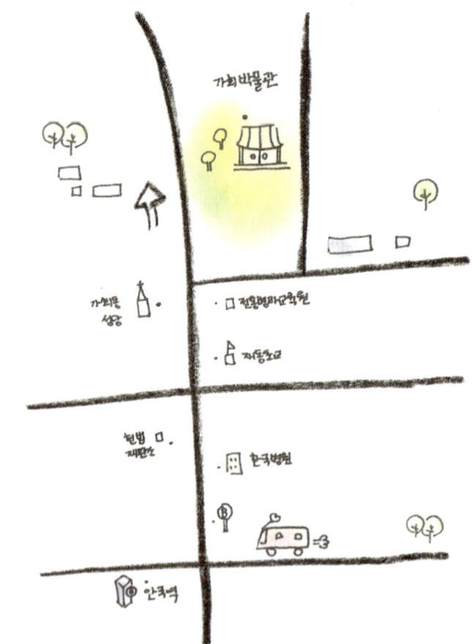

평범한 주택가. 골목 왼편에 있다고 들었는데 한참을 찾아도 가회박물관이 나오질 않습니다. 골목을 돌고 돌아 겨우 찾으니 작은 간판이 원망스럽습니다. 한옥 한 채를 통째로 사용하는 가회박물관은 골목 안쪽에 조용히 앉아 있습니다.

반쯤 열린 대문으로 고개를 갸웃 하며 "들어가도 되나요?" 하고 묻는 사이. 쿠하는 어느새 마당 테이블에 놓인 미술 도구를 만지기 시작합니다. 말릴 틈도 없이 붓을 들고 종이를 찾아댑니다. 박물관에 간다는 걸 여러 차례 알려줬음에도 이곳이 박물관이라 생각되지 않나 봅니다. 하기야 지금껏 다녀온 박물관들은 대형 박물관들이었고, 뭔가 그럴싸한 입장 단계를 거쳐야 했던 곳들이었네요. 가회박물관처럼 가정집 스타일의 박물관은 쿠하도 엄마도 처음입니다.

가회박물관은 'ㄱ자' 모양의 안채를 박물관으로 사용하고 있습니다. 조선시대 민화와 부적을 중심으로 서민들의 풍속을 보여주는 소품들을 전시하고, 부적 찍기와 귀면와 탁본하기, 민화와 문자도 그리기, 민화부채 그리기와 모란 티셔츠 만들기 등 다양한 체험활동을 할 수 있습니다. 신발을 벗고 실내로 들어설 때만 해도 얌전하던 쿠하가 갑자기 흥분하더니 뛰어다니기 시작합니다. 물고기 그림과 문자도 사이를 왕복으로 질주하는 녀석을 도무지 제지할 방법이 생각나질 않아 진땀을 빼야 했습니다. 행여 작품에 손상을 입힐까봐 걱정되어 그림이 제대로 눈에 들어오지 않았습니다. 간신히 아이를 진정시키고 도망가지 못하게 쿠하 손을 꽉 붙잡고 설명에 귀를 기울입니다.

민화는 우리 조상들의 평범한 삶과 숨결이 담긴 그림입니다. 문자도 앞에서 각각의 글씨가 무얼 의미하고, 어떤 소망을 담고 있는지 듣고, 쿠하가 좋아하는 닭 그림과 호랑이 그림의 특징도 배웁니다. 우리나라 호랑이와 중국, 일본의 호랑이 그림이 어떻게 다른지 알게 됐습니다. 눈에 힘이 있지만 귀여움도 잃지 않는 호랑이가 우리 호랑이입니다.

근거리에서 작품을 볼 수 있고, 우리 민화에 대해 공부할 수 있고, 원한다면 몇 가지 체험도 할 수 있어 가회박물관은 규모가 작아도 내용이 알찬 박물관입니다. 'ㄱ자' 박물관을 구경하고 나면 전시관 끝자리에 차탁에 앉아 준비해 주신 차를 마실 수 있습니다. 사람 수대로 차받침에 내주시는 메밀차를 쿠하도 후후 불어가며 끝까지 다 마십니다.

옛집 마당에 스며드는 햇빛

아름다운 차 박물관

INFORMATION

- **위치** 서울시 종로구 인사동 193-1
- **전화** 02-735-6678
- **입장시간** 10:30~22:30
- **휴관일** 없음
- **요금** 무료
- **교통** 1호선 종각역 3번 출구, 3호선 안국역 6번 출구 인사네거리 지나 이조필방 옆 골목 우회전
  109, 151, 162, 171, 172, 272, 601, 7025번 종로경찰서 하차

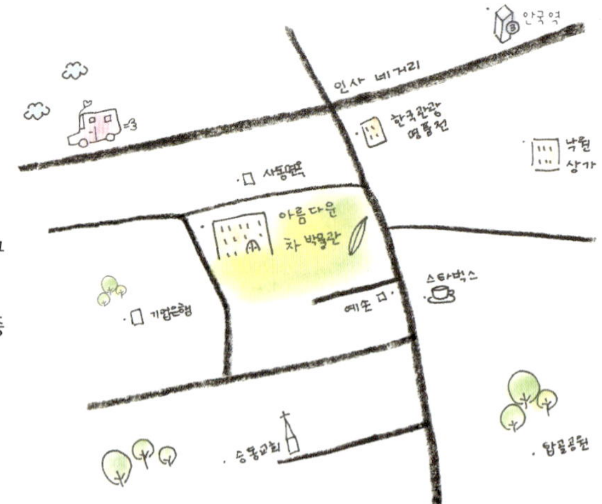

아름다운 차 박물관은 인사동 복잡한 거리를 피해 하나로 빌딩 뒷골목에 한가롭게 앉아 있는 한옥입니다. 집이 있는 위치도 조용하고 편안한 뒷골목이지만, 그 집에 담긴 옛 그릇과 우리 시대 젊은 작가들의 도자기들도 서로 어울려 지내는 곳입니다. 다양한 차를 음미할 수 있는 이곳은 차와 차살림을 보고 듣고 마실 수 있는 오직 사람과 차만을 위한 집입니다.

'입구口' 자 모양의 한옥을 박물관과 차와 도구 전시장, 카페로 사용하는 아름다운 차 박물관은 투명한 유리 천장으로 자연광이 들어옵니다. 비오는 날에는 떨어지는 빗방울을 볼 수 있어 운치가 있습니다. 날이 좋으면 좋은 대로, 궂으면 궂은 대로 하늘과 호흡을 같이 하는 집입니다. 마당 가운데 심어둔 제주도 천연기념물인 담팔수가 중심을 잘 잡고 서 있습니다. 투명 천장이 온실효과를 내어 그런지 실내에서도 건강해 보입니다.

간판과 인파가 넘쳐흐르는 인사동에 단골 찻집 하나 마련해 두는 재미는 꽤 쏠쏠합니다. 그 집이 편안한 인테리어와 품질 좋은 차를 내오는 곳이라면 더할 나위 없이 좋지요.

그래서 인사동 골목 깊숙이 숨어 있는 몇몇 찻집들은 시간이 갈수록 더 소중해집니다. 한 잔을 시켜도 나무쟁반 가득 차살림 대접을 받게 되면, 조금 비싸다 싶은 생각이 싹 가십니다. 벽장 가득 다양한 종류의 차를 전시, 판매하는 맞은편에는 다관과 찻잔을 비롯해 소소한 차살림들이 있습니다. 젊은 작가들이 만든 작품은 싸게 구할 수 있어 선물용 다기를 구하기에는 그만이지요. 종이 포장도 차분하고 예쁜 디자인이라 굳이 나무상자에 넣지 않아도 만족스럽습니다.

하나로 빌딩 앞에는 고종 때 세워진 서울의 중심석이 있습니다. 주의

깊게 찾아보지 않으면 지나쳐 버리기 쉬운, 크지 않은 돌입니다. 아

이들에게 이곳이 서울의 한가운데라고 이야기해 주세요. 인사동 주

변에는 역사의 흔적이 묻어나는 표석들이 곳곳에 있습니다. 인사동

관광정보센터에서 나눠주는 지도를 들고 아이들과 보물찾기 하듯 역

사의 현장을 보세요. 표석을 찾으면 지도 위에 스티커라도 붙여서 표

시하면 쉽게 잊어버리지 않을 것입니다. 간판만 보며 걷던 거리가 어

느새 역사 놀이터가 되지 않을까요?

책 읽으면 딱 좋은 툇마루

티 게스트 하우스

INFORMATION

- **위치** 서울시 종로구 계동 15-6번지
- **전화** 02-3675-9877
- **여는 시간** 11:00~18:00
- **휴무일** 없음
- **교통** 안국역 3번 출구 현대빌딩 사이 길로 약 10분 직진

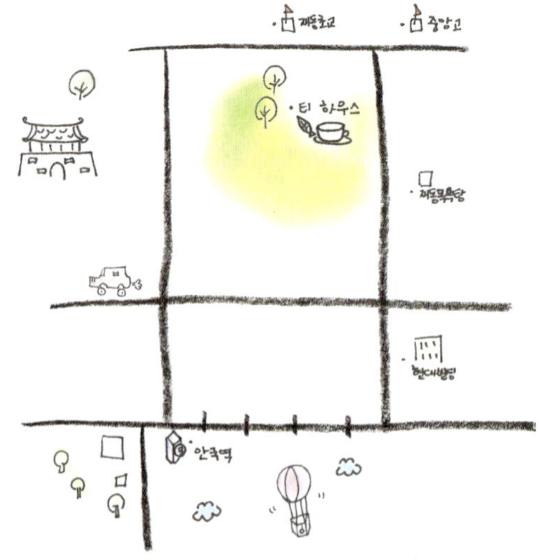

북촌은 경복궁, 창덕궁, 인사동과 가까워 가볍게 걸으며 여행하기 좋은 곳이지요. 북촌문화센터를 지나 중앙고등학교 방향으로 올라가면 2006년에 새로 문을 연 '티 게스트 하우스'가 나옵니다.

외국인 친구나 해외에 사는 친척이 한국을 방문하면 호텔보다 추천하고 싶은 집입니다. 특급 호텔의 형식적인 서비스보다 소박한 우리나라 미감을 충분히 보여줄 수 있는 한옥이 더 기억에 남기 때문이지요. 계동에는 이렇게 한옥을 개조해 게스트 하우스로 운영하는 집이 몇 군데 있습니다.

외국인 전용 게스트 하우스지만 객실 손님들이 주변 관광을 나선 낮 시간에는 찻집으로 개방됩니다. 방과 방 사이의 마루와 담장 아래 정원, 가족 단위의 손님이 묵는 별채 앞마당에 차탁이 놓여 있어 각자 좋아하는 분위기에 맞춰 골라 앉을 수 있습니다.

대나무를 좋아하는 사람이라면 별채로 올라가면 되고, 우리처럼 신발 벗고 앉는 걸 좋아하는 사람들이라면 마루에 앉아 작고 아담한 정원을 보면서 차 한 잔 하면 좋겠지요.

한옥을 보노라면 조상의 솜씨에 무릎을 탁 치게 합니다. 옆으로 밀어 두면 벽 사이로 숨어서 시선을 방해하지 않는 미닫이문도 그렇고 바람이 집에 잘 통하도록 문 전체를 공중에 매단 들어열개 문도 정말 기발합니다. 이 기발한 아이디어는 대체 누가 낸 걸까요? 당장 특허 내자고 악수 청할 지혜입니다.

티 게스트 하우스는 북촌 골목 투어의 쉼표 같은 곳입니다. 맨발로 걸터앉아 책 읽으면 딱 좋을 툇마루, 보고 또 봐도 눈이 아프지 않은 초록 연못과 정원. 자세히 보시면 담장 아래 노랗게 익어 떨어진 살구 몇 알이 굴러다닙니다. 벽돌과 화강석으로 멋을 낸 담과 기와의 잿빛이 은근히 잘 어울리지요. 호기심 많은 아이들과 걷다 보면 어른들 눈엔 별 것 아닌 것도 호기심 거리로 다가오곤 합니다.

커피한잔

안국동 현대사옥 골목에서 중앙고등학교 가는 길에는 정겨운 간판이 여럿 눈에 띕니다. 북촌문화센터를 지나 조금 더 올라가다 보면, 목욕탕 근처에 파란색으로 단장한 커피가게가 나타납니다. 한글로 쓴 간판이 더 반가운 커피 가게는 핸드드립 커피치고는 가격이 착합니다. 신중현의 노래, "커피 한 잔을 시켜놓고~"에서 따온 '커피한잔'이 그대로 가게 이름입니다.

눈나무집

삼청동 눈나무집은 달달한 떡갈비와 담담한 김치말이 국수가 맛있는 집입니다. 아이랑 다닐 때 줄 서서 기다렸다가 먹어야 하는 가게들은 좀 곤란합니다만, 그만큼 맛있는 곳이니 날씨가 흐리지 않은 날 가끔씩 줄 서서 먹어 보세요. 양이 많지 않아서 아이 몫으로도 1인분 시켜야 합니다. 02-739-6742

카페테리아 송스 키친

삼청동 부엉이박물관 근처에 있는 카페테리아 송스 키친입니다. 성북동 Song's Kitchen과 어떤 관계인지 궁금해집니다. 어쨌든 여기도 송스 키친입니다. 비늘을 모티브로 한 외관이 독특한 이곳은 아이들이 좋아하는 메뉴가 많습니다. 보기 좋은 퓨전 요리 사진이 유리창 밖 집게에 걸려 있어 지나가는 사람들에게 입맛을 다시게 합니다. 02-720-1719

J's Kitchen

붉은 벽돌을 타고 있는 식물들의 조화가 그림책 '리디아의 정원'을 떠올리게 하는 J's Kitchen 입니다. 삼청동 팥죽가게 '서울서 둘째로 잘하는 집' 건너편에 있는 이곳의 모든 케이크는 주인이 직접 유기농 밀로 만듭니다. 디자인이 예쁜 케이크는 주문할 수도 있습니다. 02-743-4810

서울서 둘째로 잘하는 집

동화 '팥죽할머니와 호랑이'를 재미있게 읽은 아이들이라면 한번쯤 팥죽을 먹으러 가주세요. 책에서 본 걸 직접 먹어보는 일은 아이를 기분 좋게 하기에 충분합니다. '서울서 둘째로 잘하는 집'은 엄마가 해준 게 제일 맛있기 때문에 붙여진 이름이라고 합니다. 팥죽에 대추, 잣, 알밤까지 넣어 하나씩 건져 먹는 재미에 쿠하는 금세 한 그릇을 싹 비웠습니다. 02-734-5302

미술관 옆 돈까스

아트선재센터 옆 돈까스 가게 '미술관 옆 돈까스'입니다. 주변 환경에 어우러지면서 욕심 내지 않은 가게 분위기는 평범하면서도 뒤지지 않는 돈까스 맛과 비례합니다. 해물이 가득 들어간 수제비며 비닐장갑을 끼고 양푼에 담겨져 나오는 날치알과 밥을 뭉쳐서 만들어 먹는 날치알 주먹밥은 인기 메뉴입니다.
02-735-5988

한옥마을 전통찻집

남산 한옥마을 안에 있는 식당 겸 전통찻집입니다. 관광지에서 직접 운영하는 음식점은 대체로 맛이 별로인 경우가 많습니다. 솟을대문 안은 흡사 잔칫집 같은데요, 굉장히 친절한 손님접대로 기분까지 좋아졌습니다. 콩국수와 녹두전 등 아이가 먹을 수 있는 메뉴도 맛있습니다. 남산 한옥마을은 매주 화요일에 쉽니다.

아름다운 차 박물관

아름다운 차 박물관에서 판매하는 유리다관 세트입니다. 젊은 작가들이 만든 다양한 디자인의 차살림을 갤러리에서 사는 것보다 싸게 구입할 수 있습니다. 사진 속에 보이는 리본을 묶은 상자가 아름다운 차 박물관의 로고입니다. 굳이 나무상자에 넣지 않더라도 드리는 분이나 받는 분 모두 기분 좋은 선물입니다. 02-735-6678

북촌은 서울 사람들도 지도를 들고 다녀야 할 만큼 길이 복잡한 동네였다. 그래서 그런지 꼬불꼬불한 골목마다 오래된 이야기가 숨어 있을 것만 같다. 쿠하 발에 맞는 트레킹화를 살 수 있을 정도로 자라면, 작정하고 하루쯤 골목 투어를 하고 싶다. 창덕궁 옆 원서동에서 출발해 계동 곳곳에 흩어져 있는 공방들과 박물관들을 거쳐, 사간동까지 걷고싶다. 앞으로 몇 년이나 더 기다려야 할까? 눈나무집 3층에 앉아 김치국수 한 그릇을 뚝딱 비우고, 그래도 허기가 채워지지 않으면 사골 칼국수 한 그릇을 더 사달라고 하겠지. 그만큼 오래된 기와지붕들을 실컷 구경하고 싶다.

나는 30년도 넘게 살면서 기와의 색이 다 같은 회색인 줄 알았다. 가회동 어느 좁은 골목에서 본 기와는 조금씩 다른 회색들이었는데 회색 점들이 모여 만들어내는 하모니가 얼마나 아름다운지 그때 처음 알았다. 쿠하도 지금은 잘 모르겠지만 나중에 알게 되었으면 좋겠다. 사람도 다 같은 모습을 한 사람만 모여 있는 것보다는 모두가 각각 다를 때 더 아름답다는 것을 얘기해 주고 싶다. 북촌의 한옥들은 좁은 땅을 어쩌면 그렇게 효율적으로 잘 살렸을까 하는 감탄이 절로 난다. 한 뼘의 땅만 있어도 식물을 심거나 도자기 한 점을 올려두어 멋을 낸 집들. 어른 걸음으로 두 폭밖에 안 되는 담장에도 두세 가지 색의 벽돌을 쌓아 올린 꽃담들은 생활을 가꾸는 사람들만이 누릴 수 있는 골목 풍경이다.

문짝을 들어 올려 바람이 지나가게 길을 터준 한옥은 지혜로운 집이다. 집 툇마루에 누워 만화책 몇 권 쌓아놓고 읽었으면 좋겠다.

박물관 산책

"엄마, 옛날에도 대추가 있었어?"

"엄마, 도깨비도 비행기 탔어?"

시장에서 대추를 사는데 쿠하가 갑자기 옛날에도 대추가 있었
냐고 묻습니다. 동화책에서 도깨비가 나오면 걔네들도 비행기
를 탔느냐고 물어보곤 합니다. 제주도 가는 길에 비행기 안에서
사탕과 주스를 먹은 게 너무 좋았는데, 도깨비들도 데리고 가서
먹여주고 싶기 때문이라는군요.

어린 아이들은 현재와 과거, 미래를 정확하게 구분하지 못하고
자유자재로 넘나듭니다. 박물관은 과거랑 노는 놀이터입니다.
직접 만지고 눌러서 옛 사람의 흔적을 자연스럽게 알게 됩니다.

삼국시대 놀이터로 가요

어린이박물관

INFORMATION

- **위치** 서울시 용산구 서빙고로 135번지
- **전화** 02-2077-9000
- **입장시간** 하루 6회 운영 9:00~18:00
- **휴관일** 매주 월요일, 1월 1일
- **요금** 무료
- **교통** 1, 4호선 이촌역 2번 출구, 용산
  가족공원 방향
  0211, 9502

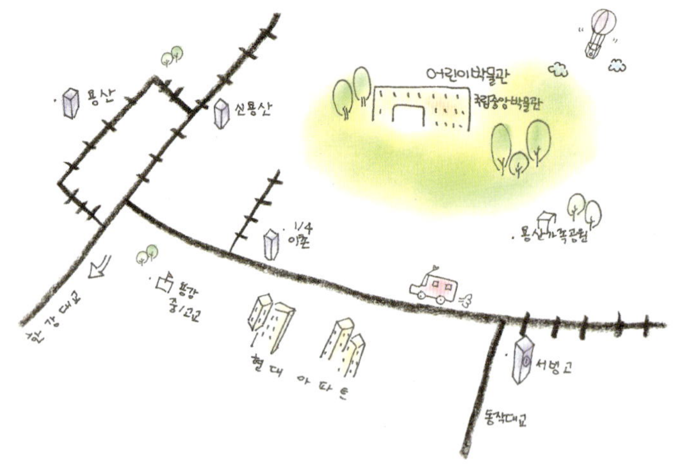

어린이박물관에서는 문화유산을 손끝으로 만날 수 있습니다. 옛 사람들이 어떤 집에 살고, 어떻게 밥을 지어먹었으며, 무슨 음악을 들으며 살았는지 한 눈에 알 수 있습니다.

쿠하와 과거로 여행을 갑니다. 신석기와 청동기시대입니다. 처음 본 빗살무늬토기와 팔주령을 요리조리 만지작거리며 놉니다. 가야 악사 우륵이 신라로 투항하며 들고 왔다는 가야금을 비롯해 우리나라 악기를 직접 만져볼 수 있습니다. 백제의 금동대향로가 이렇게 큰 물건이었는지 사실 엄마도 몰랐습니다. 직접 본 적도 없고, 책에서는 작은 그림으로만 봤기 때문에 가늠하지 못 했습니다. 산수문전은 얼마나 아름답던지 학창시절 국사 책에서 봤던 문장을 이제서야 이해합니다. 엄마가 산수문전을 보여주려고 애쓰는데 쿠하는 엄마 맘도 몰라주고 토기 조각 맞추기 게임에만 열중합니다. 옛날 사람들이 쓰던 그릇 조각을 맞추고 장수들이 전쟁터에서 썼던 투구도 써 봅니다.

어린이박물관은 여러 영역으로 구분되어 운영하고 있습니다. 체험과 교육 중심의 박물관이기 때문에 각 회당 170명씩 입장합니다. 인터넷 예약자 100명과 선착순으로 입장권을 받은 70명만 들어갈 수 있습니다. 각 회당 1시간 30분의 체험시간이 주어지고, 90분 간격으로 6회에 걸쳐 운영됩니다.

쿠하가 제일 좋아했던 곳은 음악 영역입니다. 음악은 신을 부르고 복을 기원하는 의식에서 생겨났지요. 옛날 사람들이 기쁘거나 슬플 때 사용한 악기들을 직접 소리 내어 볼 수 있습니다.

농경 영역에는 청동기시대 마을을 보여주는 사천 이금동 유적모형, 2,400여 년 전 사람들의 농사짓기 알아보기, 옛 곡식 알아보기, 각종 농기구 체험하기 등 다양한 체험 아이템을 볼 수 있습니다. 토기 맞추기나 농기구 만져보기, 부엌에서 상차리기 등 체험 코너가 많이 준비돼 있습니다.

주거 영역에는 송국리 집 자리 모형과 애니메이션, 영상으로 소개하
는 집의 발달과정, 유적에서 출토된 삼국시대의 집, 온돌의 구조, 기
와지붕 잇기, 기와무늬 탁본해 보기 등 집에 관한 다양한 아이템이
아이들의 호기심을 자극합니다.

전쟁 영역에서는 갑옷을 입고 가야의 무사가 되어 볼 수 있고, 애니
메이션을 보면서 택견을 따라 해 볼 수도 있습니다. 벽에 프레스코
기법으로 그린 고구려 무용총 수렵도가 사진 찍기 좋게 마련돼 있습
니다.

무용하는 시녀들과 접객하는 무덤 주인의 모습 등이 상세하게 그려
진 무용총의 그림들은 사실적인 묘사가 뛰어납니다. 그림 속에 나타
난 신호용 화살은 실제로 발견된 유물과 흡사한 모양입니다. 무덤 속
에 멋진 그림을 그려놓은 고구려 귀족들의 취향과 오랜 세월 유지되
는 과학적인 기법 앞에서 탄성이 저절로 나옵니다.

02 부엉이박물관

INFORMATION

- **위치** 서울 종로구 삼청동 27-21
- **전화** 02-3210-2902
- **관람시간** 10:00~19:00(동절기 18:00까지)
- **휴관일** 월, 화, 수(모든 공휴일은 개관)
- **요금** 5,000원(차 값 포함)
- **교통** 3호선 안국역 2번 출구 감사원 방향 02번 마을버스 감사원 하차, 삼청공원 밑으로 300미터

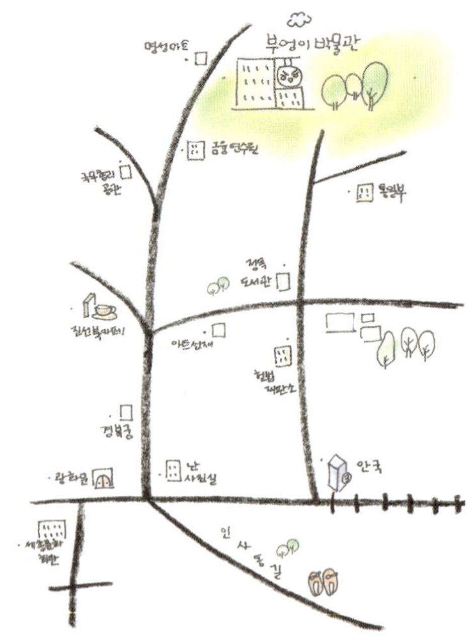

‘부엉이 엄마’로 불리는 배명희 관장님은 중학교 수학여행에서 우연히 사온 부엉이 소품 하나로 시작해 부엉이 관련 소품만 30년 넘게 모았다고 합니다. 부엉이박물관은 이름 그대로 부엉이를 주제로 한 미술, 공예품, 생활용품, 액세서리로 꾸며져 있습니다.

가정집을 개조한 아담한 박물관 안에는 중국, 미국, 체코, 폴란드 등 70여 개국에서 온 2,000여 점의 부엉이들이 한 지붕 아래 모여 삽니다. 부엉이를 소재로 한 물건이 이렇게 많았나 하는 생각이 들 정도입니다. 봉제인형부터 돌 조각, 나무 조각, 도자기, 그림, 연, 돋보기, 시계, 접시, 우표 등 다양한 종류의 부엉이들이 빼곡하게 들어차 있습니다. 부엉이를 좋아하는 아이라면 책 두어 권 챙겨 자주 가는 것도 좋을 것 같습니다. 부엉이들 사이에 앉아서 읽어주면, 집에서 읽을 때와는 색다른 기분이 들 테니까요. 아이 혼자 책장을 넘기는 동안 엄마는 부엉이가 그려진 예쁜 소품들을 실컷 구경할 수 있습니다.

삼청공원 근처, 키 낮은 집들이 옹기종기 모여 있는 주택가는 부엉이 세상입니다. 서양에서 지혜를 상징하는 부엉이는 아이들 그림책에서 자주 만날 수 있어 쿠하에게 낯익은 친구입니다.

부엉이 가면을 쓴 남자와 여자가 호수를 바라보는 그림 앞에서 쿠하의 발길이 멈춥니다. "엄마 저기는 바다야?" 하고 묻습니다. 그림 속 풍경은 물론 꽃 이름도 빼놓지 않고 알려줘야 자리를 뜹니다.

삼청동에는 예쁜 가게들이 많이 있습니다. 양철지붕을 물고기 비늘처럼 이어 붙이고 여러 가지 색으로 칠한 독특한 건물이 있습니다. 페드럼통을 잘라 안쪽으로 구부려 붙인 이 집의 이름은 우리가 상상한 대로 '비늘' 이라고 합니다. 일일이 손으로 작업한 손맛 나는 아웃테리어가 쿠하 마음에도 쏙 드나 봅니다.

삼청동에 있는 팥죽집 '서울에서 두 번째로 잘하는 집'은 주말에는

줄을 서야 하지만, 평일 오후에는 금방 자리가 납니다. 총리공관 건

너편 '꽁블'. 불어로 꼭대기, 절정에 있는 순간들을 의미한다는 모자

가게 앞에 다다르자 쿠하는 주인 허락도 없이 모자를 집어 듭니다.

친절한 주인은 꼬마 손님이 귀찮지도 않은지 아이가 모자를 써 볼 수

있게 합니다. 거울을 본 쿠하는 엄마 눈치를 봅니다만, 엄마는 애써

모른 체 하고 갈 길을 재촉합니다. 삼청동에는 아이의 눈을 유혹하는

예쁜 가게들이 너무 많습니다. 사실 쿠하보다 엄마의 발걸음이 자주

멈추는 동네입니다.

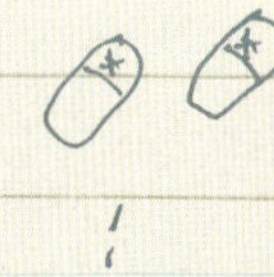

티라노사우루스가 있는 언덕

서대문 자연사박물관

INFORMATION

- **위치** 서울시 서대문구 연희3동 산 5-58
- **전화** 02-330-8899
- **입장시간** 9:00~18:00 (동절기 17:00까지)
  퇴장 1시간 전까지 입장 가능.
- **휴관일** 매주 월요일, 1월 1일, 설날, 추석 당일.
  (단, 월요일이 공휴일이면 다음날 휴관)
- **요금** 어른 3,000원, 어린이 1,000원, 5세 이하 무료
- **교통** 신촌역 1번 출구 110, 7720번 버스로 환승, 3번
  출구 마을버스 03번으로 환승, 지하철 3호선 홍제
  역 3번 출구 7738, 7739 대림아파트 하차
  110, 153, 7720, 7739

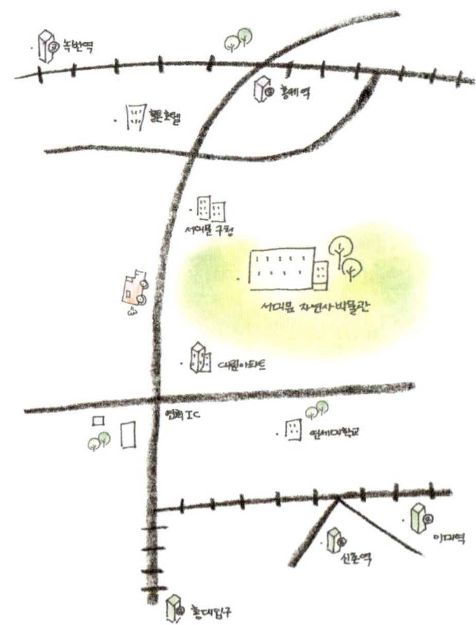

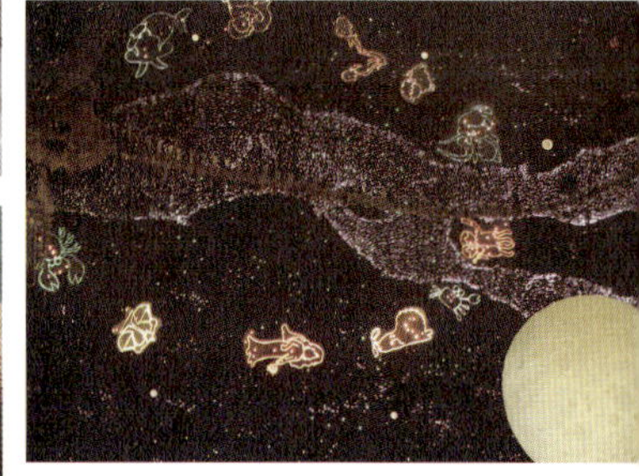

자연사박물관은 책으로만 보던 것을 배경 위에 모형으로 만들어둔 디오라마와 표본, 박제한 동물 등으로 생동감 있게 볼 수 있는 박물관입니다. 서대문자연사박물관은 시간의 흐름에 따라 전시되어 있습니다. 3층 공룡 정원부터 1층으로 내려오면서 우리가 살아가는 지구의 생명과 특징에 대해 살펴 볼 수 있습니다.

자연사박물관은 우주에서 지구가 탄생하는 순간부터 별들이 어떻게 움직이는지, 별자리의 움직임을 까만 천장에 반짝이는 불빛으로 보여줍니다. 거대한 공룡 모형이나 전 세계 다양한 지역에서 발견된 화석으로 지구에 살았던 생명들을 알게 하고, 인류의 탄생을 단계별 모형으로 가르쳐 줍니다.

살아있는 동물원 나들이와 달리 아이는 자연사박물관에서 질문이 많아집니다. 움직이지 않는 고슴도치 박제를 앞에 두고 "엄마, 얘는 어떻게 울어?"하고 묻는 바람에 당황했습니다. 고슴도치 울음소리를 들어본 적이 있어야지 가르쳐 주지요. 쿠하가 좋아하는 그림책에 고슴도치 가족이 사과 따러 가는 내용이 있는데, 털끝을 가리키며 "엄마, 몸을 돌돌 말아서 저 끝에 사과를 끼우는 거 맞지?"하고 재차 확인을 합니다. 모르는 동물 앞을 지날 때는 걷는 속도가 빨라지다가 모양과 이름, 생김새를 외운 동물들 앞에서는 걸음을 멈춥니다.

생태계 균형이 깨지면 사람들의 삶 역시 균형이 깨지고, 생존에 위협을 받게 됩니다. 우리나라 자연 생태계에서 점점 보기 힘든 호랑이, 장수하늘소, 구렁이, 독수리, 매화마름, 수달 등에 관한 설명패널과 영상자료를 보여줍니다. 사라져가는 동물과 함께 살기 위해 우리가 할 일이 무엇인지 이야기 나눕니다.

자연사박물관 1층에는 자연사도서관이 있습니다. 보고 싶은 책을 꺼내오라고 했더니 자연관찰과 상관없는 책을 꺼내옵니다. 유아용 그림책부터 초등학교 고학년 아이들이 읽기 좋은 다양한 책들이 꽂혀 있습니다. 박물관 구경을 마치고 차분하게 앉아서 그림책 몇 권 읽으니 곧 폐관 시간이 다가옵니다. 자연사박물관은 시간을 길게 잡고 여유 있게 다녀와야 할 곳이라는 걸 새삼 느낍니다.

자연사박물관에는 놀이터가 있어 공부와 놀이를 연결하려는 배려가 돋보입니다. 놀이터에는 긴 공룡 미끄럼틀이 있는데, 아이들이 온몸으로 공룡을 만납니다. 공룡 박물관에 공룡 미끄럼틀이 있다니! 어른인 제게도 재미있어 보입니다. 아이들은 계단이 꽤 많은데도 쉴 새 없이 오르내리며 긴 미끄럼틀을 탑니다. 언젠가 쿠하도 박물관이라는 것을 재미있는 놀이터가 아닌 고리타분한 곳으로 여길지 모르지만, 어렸을 때부터 흥미진진하게 접근할 수 있는 공간이 있어서 다행입니다.

아이들의 호기심을 채워주세요

삼성어린이박물관

INFORMATION

- **위치** 서울시 송파구 신천동 7-26
- **전화** 02-2143-3600
- **입장시간** 10:00~18:00(입장 마감 16:00)
- **휴관일** 매주 월요일, 설날과 추석
- **요금** 어른 5천원, 어린이 6천원, 12-36개월 3천 원.
  12개월 미만 무료
- **교통** 지하철 2호선 잠실역 8번, 8호선 9번 출구

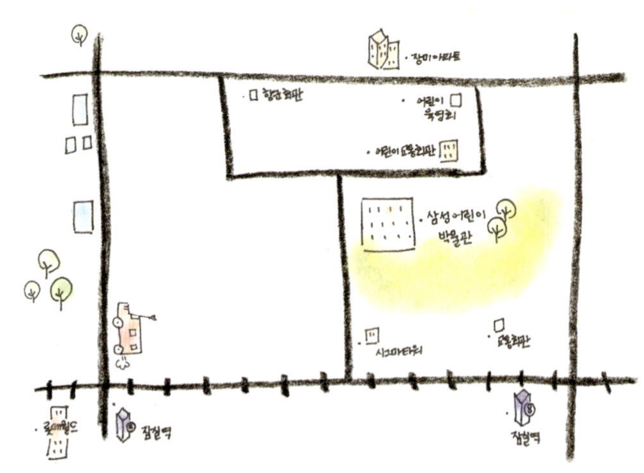

삼성어린이박물관은 접근성이 뛰어나 평일에도 많은 어린이들이 찾는 곳입니다. 게다가 유치원이나 어린이집에서 단체로 견학을 오기 때문에 인터넷 예매를 하고 가는 게 좋습니다.

체험 박물관은 유리벽에 갇힌 전시품을 보는 기존 박물관과 달리 아이들이 직접 만지고 놀면서 느낄 수 있는 공간입니다. 대부분의 체험 박물관들이 시간마다 정해진 인원만 들어가게 하는 까닭도 아이들이 마음껏 보고, 듣고, 경험할 수 있도록 배려하기 때문입니다.

철저하게 어린이 눈높이에 맞춰진 삼성어린이박물관에서는 아이의 관심 영역을 찾기 좋습니다. 12세까지의 어린이들에게 다양한 영역을 탐구하고 표현하도록 구성한 이곳에서 우리 아이가 어느 코너에 관심이 많은지, 어디에서 가장 재미있어 하는지 세심하게 관찰해 보세요.

주방에서 볼 수 있는 사물들로 난타하는 체험은 아이들에게 인기가 높습니다. 마음껏 두드리는 걸 보니, 집에서도 플라스틱 빈 병 몇 개 챙겨둬야겠다는 생각이 듭니다. 또 건설현장에서 일을 해볼 수 있는 코너도 아이들을 불러 모읍니다. 미니 크레인도 신기하고, 형광색이 칠해진 안전 조끼도 마음에 드는 눈치입니다.

정해진 위치에 발을 붙이고 서서 팔을 움직이면 화면 속 오케스트라가 연주를 합니다. 23개월 때, 텔레비전 오락 프로그램에 나온 바이올리니스트 장영주의 어린시절 사진을 보더니, 자기도 바이올린을 사달라고 줄기차게 조르기 시작했습니다. '엄마 은행'에 적립해 둔 쿠하 세뱃돈을 헐어 연습용으로 하나 사줘야겠습니다.

꽃모양 백자 팔레트를 보며 옛날 사람들이 쓰던 '물감놀이 세트'라고 가르쳐줬더니 코를 박고 한참이나 들여다봅니다. 꽃모양으로 만들어진 백자 팔레트가 마음에 들었는지, 집에 돌아와 접시에 물감을

타달라고 조릅니다. 고집 센 아이가 이깁니다. 시댁에서 분가 후 한 번도 쓰지 않은 접시 두 개에 초록과 파랑색을 풀어 줍니다. 산도 그리고 강도 그립니다. 2년 넘게 빛 못 보던 접시들이 쿠하 덕에 세상 구경합니다.

어린이 방송국에 가면 아이들은 자기 모습이 나온 텔레비전 화면을 보고 넋을 잃습니다. 단체로 견학 온 유치원생들이 "텔레비전에 내가 나온다면~"을 부르며 즐거워합니다. 쿠하도 처음 두드려보는 북이 마음에 들었는지 자리를 떠나려 하지 않습니다.

움직임을 따라 나오는 음악 장치들, 터치스크린으로 산수화를 그릴 수 있는 미술관, 바람과 물의 원리를 알게 하는 과학 영역, 우리 몸을 주제로 한 체험관, 미니 크레인이 있는 건설현장에서 집도 지어보는 직업 탐구, 장난감과 아기용 자동차가 많아 아이들 마음을 뺏는 자유 놀이터까지. 삼성어린이박물관에 가면 하루가 짧아집니다.

PHOTO STORY

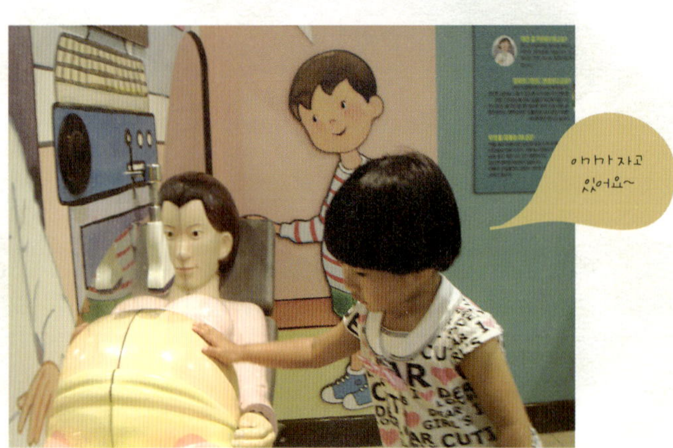

수연산방

성북동은 걷기 여행을 하기에 좋은 동네입니다. 멀지 않은 거리에 길상사, 최순우 옛집, 간송미술관 등 걸음을 멈춘 후 보고싶은 집들이 많습니다. 다른 집들이 보여주기 위해 사람을 모은다면, 이태준 선생의 수연산방은 차향으로 사람을 모읍니다. 쿠하는 차보다 떡을 더 좋아하지만, 편안한 보료 위에 앉아 차 한 잔 마시는 여유를 같이 나누고 싶습니다.
02-764-1736

신촌스토리

서대문자연사박물관은 주택가 언덕에 있습니다. 모처럼 아이들과의 나들이에 데리고 갈 만한 식당이 주변에 보이지 않습니다. 지하철역에서 마을버스로 갈아타기 전에 있는 신촌 기차역 근처에서 끼니를 해결하는 것이 좋습니다. 신촌스토리는 꼬마들이 좋아하는 돈까스가 맛있는 집입니다. 02-334-1233

메밀꽃 필 무렵

경복궁 건너 대림미술관 가는 길에는 메밀 전문점 '메밀꽃 필 무렵' 이 있습니다. 간판만 봐도 내공이 느껴지는 집들 가운데 하나입니다. 메밀칼국수와 수제비, 메밀전, 만두전골 등 메밀을 주재료로 한 깔끔한 음식들이 맛있는 집입니다. 02-734-0367

국립중앙박물관 식당가

국립중앙박물관은 관람객들이 불편하지 않도록 군데군데 카페와 식당가를 갖추어 놓았습니다. 거울연못가에 있는 레스토랑도 훌륭하지만 아이와 가기에는 어린이박물관 근처 식당가가 제일 편합니다. 아이들이 좋아하는 메뉴와 어른들이 먹기 좋은 메뉴가 골고루 있습니다.

유기농 쌈밥집 '수다'

삼성어린이박물관 근처에는 롯데월드 등 어린이들이 좋아하는 먹거리가 많습니다. 하지만 박물관에서 지치도록 논 아이들과 멀리 가는 것보다는 박물관에서 가까운 홈플러스 5층 유기농 쌈밥집 '수다'가 괜찮습니다. 02-415-5300

어린이박물관 뮤지엄 샵

어린이박물관 뮤지엄 샵입니다. 아이들이 흥미를 가질 만한 교구, 박물관과 어울리는 그림책 등 다양한 상품이 판매되고 있습니다. 체험 학습을 신청한 아이들은 이곳에서 미리 준비물을 챙겨야 합니다. 어린이 손님들을 위한 가게라 진열대의 키가 낮게 설계돼 있습니다.

국립민속박물관 카페 느루

아이스크림 하나에 아이는 신이 납니다. 국립민속박물관 안에 있는 카페 느루는 푸른 잔디를 옆에 둔 야외 테이블과 차분한 실내로 나뉘어 있습니다. 가격이 저렴한 편이어서 사람들이 많은 게 장점이자 단점인 곳입니다. 카페를 제외한 박물관 실내외에서는 음식을 먹을 수 없습니다. 02-3704-3114

국립어린이민속박물관 기념품점

어린이박물관으로 가는 길목에 있는 어린이 전문 기념품점에는 전통문화를 소재로 한 교구와 전통공예 기법으로 만든 상품이 많이 있습니다. 아이들의 눈높이에 맞추어 제작이 되었기 때문에 안심하고 구입할 수 있답니다.

박물관의 통유리 안에 갇혀 있는 도자기들을 보는 것이 늘 답답했다. 내 눈에 보이는 쪽 말고, 그 뒤에 어떤 그림이 숨어 있을지 궁금했기 때문이다. 몇 해 전 문을 연 리움의 도자기들은 전체 모양을 다 볼 수 있도록 디자인된 쇼케이스 덕분에 그런 갈증 없이 볼 수 있었다. 박물관이나 미술관들은 점점 친절해지고 있다. 관람객의 편의와 욕구를 생각하기 시작했고 서비스도 고객 중심으로 변하고 있다.

쿠하와 체험 박물관에 다니면서 우리가 자라던 시절을 생각하니 마음속으로 요즘 아이들이 부러웠다. 미술관에서 어린이들이 직접 유물 모형을 만지고 실험해 보는 것은 상상하기 어려웠다. 아이가 어려서부터 문화유산을 먼발치에서 구경만 하는 것이 아니라, 손으로 직접 만져보고 느껴볼 수 있다는 사실이 고맙기까지 하다. 박물관이 어쩌다 가서 눈으로만 보고 오는 곳이 아니라 자주 가서 보고, 듣고, 만지고, 놀면서 배우는 즐거운 체험학습장이자 놀이터로 기억됐으면 좋겠다. 언제라도 찾아가고 싶은 그런 놀이터 말이다.

다섯째 마당
공원 산책

서울 하늘 아래에서 탁 트인 공간을 보여주기가 쉽지 않아 생태공원으로 탈바꿈한 하늘공원으로 향합니다. 숫자가 적힌 계단을 오르는 동안, 눈을 피곤하게 하던 도시는 아름다운 풍경으로 바뀝니다. 한강을 내려다보는 즐거움에 아이는 맨발로 뛰어다니고, 다시 내려가는 대도시 서울은 온통 네온불빛으로 반짝입니다.

아이 손을 잡고 공원으로 산책을 나선 저녁은 괜히 더 시원합니다. 아파트 숲에서 서울의 숲과 강가로 한 걸음 움직이는 것, 아이에게 줄 수 있는 가장 큰 하늘입니다.

01

신선도 놀다가는 섬
선유도

- **위치** 서울시 영등포구 노들길 700
- **전화** 02-3780-0590
- **이용시간** 6:00~24:00
- **휴관일** 없음
- **요금** 무료
- **교통** 2·6호선 합정역 8번 출구, 2호선 당산역 1번 출구 (당산나들목 이용)

  선유도 공원 정문 : 5714, 양평동 한신아파트(1,000m) : 604, 605, 5516, 5712, 6514, 6623, 6631, 6632, 6633, 6712, 9707, 합정역 : 271, 570, 602, 603, 604, 5712, 5714, 6712, 7011, 7012, 7013, 7612

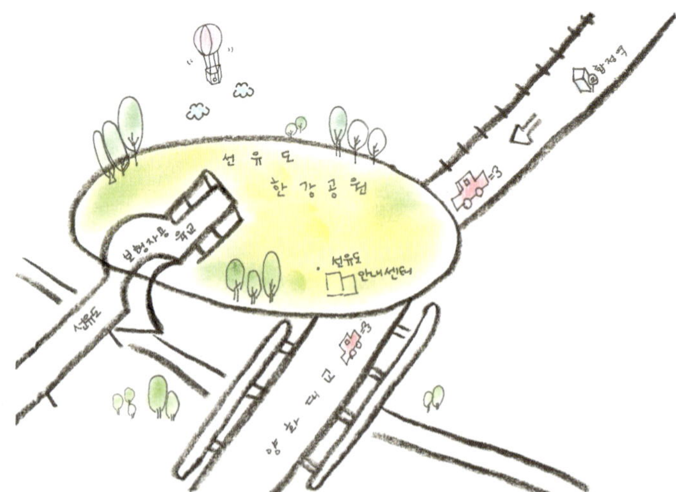

선유도 앞 버스정류장에 내리면 차의 속도는 줄어들고 소음은 금세 사라집니다. 천천히 흐르는 한강의 흐름과 공원의 나무들 덕에 그동안 받았던 스트레스가 순식간에 증발하지요. 한강의 작은 섬 선유도는 사진 찍기 좋은 배경이 많아 젊은 연인들이 많이 보입니다.

신선이 놀다가는 다리, 선유교를 지나면 정수장 건축구조물을 재활용해 만든 선유도 공원이 나옵니다. 양평동에서 선유도로 진입하는 길은 식재터널로 돼 있어 사진을 찍으면 꽤 운치 있는 장면을 얻을 수 있습니다.

선유도는 걸어서 강을 건너는 기분을 만끽할 수 있습니다. 수질정화원, 수생식물원, 녹색기둥의 정원, 시간의 정원으로 구성된 선유도 공원은 평일 오후에도 가족나들이를 나온 사람들이 적지 않습니다. 나무와 풀이 낡은 콘크리트 구조물과 묘한 대조를 이룹니다.

선유도 공원은 자전거를 타고 들어올 수 없기 때문에 아이들이 마음껏 뛰어다녀도 걱정할 일이 없습니다. 둥근 야외무대도 아이들이 차지합니다.

선유도 공원에는 폐자재를 활용한 놀이터가 있습니다만, 쿠하는 부식한 기둥이 무섭다며 내려가기를 꺼려합니다. 이곳 놀이터는 보는 둥 마는 둥 그냥 지나칩니다. 아이들 보다는 어른들이 더 좋아하는 놀이터입니다. 스프레이 캔 낙서가 눈에 띄네요. 사람들의 눈도 생각해서 멋진 그림이면 좋겠는데……. 키스 해링의 사람들이 춤추는 그림은 어떨까요?

아, 수상택시!

서른 해 넘도록 서울에 살았으면서도 아직 유람선을 타본 적 없는 엄

마는 수상택시라도 타보고 싶었으나 다음 기회로 미루었습니다.

수상택시는 전화예약을 하면 15분 정도 후에 약속한 장소로 온다고

합니다. 찜해 둔 코스는 서울숲에서 여의나루까지 입니다.

※ 수상콜택시 '즐거운서울' 연락처 :1588-3960

35만평짜리 거대한 놀이터
서울숲

- **위치** 서울시 성동구 성수동 1가 685
- **전화** 02-460-2926, 2929
- **생태숲 개방시간** 7:00~20:00 (동절기 8:00~18:00)
- **휴관일** 없음
- **요금** 무료
- **교통** 2호선 뚝섬역 8번 출구, 도보 15분, 1번 출구,
  버스 2413, 2014번 서울숲 하차
  141, 145, 148, 410, 2014, 2224, 2412, 2413

서울에는 35만 평짜리 거대한 놀이터, 서울숲이 있습니다. 입장료도 받지 않고, 간단히 도시락을 먹어도 누가 뭐라 하지 않고, 마음 놓고 뛰어놀 수 있는 잔디밭도 있습니다. 나무 그늘에 돗자리를 깔고 책을 읽을 수 있어 서울숲은 자주 가고 싶은 쉼터입니다. 물론 동행한 가족들이 아이와 놀아줄 수 있는 경우에만 허락되는 여유죠.

지하철 2호선 뚝섬역에서 아이 걸음으로 20분쯤 걸리는 서울숲은 계절마다 찾게 됩니다. 봄이면 생태숲에서 만날 수 있는 꽃사슴, 토끼 같은 동물들을 만나러 갑니다. 사슴 먹이를 사서 아이들이게 직접 먹이를 주게 하면 처음에는 좀 무서워하다가도 재미를 붙여 또 사달라고 조릅니다.

서울숲에 들어서면 만날 수 있는 군마상이 있는데 이곳이 경마장이었다는 사실을 이야기해 줍니다. 조선시대에는 임금님 사냥터이자 군사들의 무예를 점검하던 곳이었고, 1908년 처음으로 설치된 상수원 수원지였다고 합니다.

서울숲에는 문화예술공원, 자연생태숲, 자연체험학습원, 습지생태원, 한강수변공원 등 다섯 개의 테마공원이 있습니다. 아이의 성향이나 계절 변화에 따라 갈 때마다 다른 풍경을 보여주는 것도 드넓은 서울숲을 제대로 누리는 한 방법입니다.

한자리에 앉아 소꿉놀이를 하는 것보다는 정신없이 뛰노는 걸 더 좋아하는 쿠하. 한참 뛰어도 엄마 눈을 벗어나지 않아서 엄마와 쿠하 모두에게 서울숲 잔디밭은 최고의 놀이터입니다.

서울숲은 시간만 잘 맞추면 다양한 무료 생태체험 프로그램에 참여할 수 있습니다. 군이 방학이 아니라도 '주말 가족 생태 나들이'나 '책 벼룩시장' 같은 가족 프로그램에 적극적으로 참여해 보세요. 집에서 잠자던 책을 다른 사람들과 나눠 보는 것도, 가족과 서울숲에 사는 곤충이나 꽃과 나무에 대해 나들이하듯 공부하는 것도 아이들에게는 좋은 추억이 됩니다.

서울숲은 너른 잔디밭에서 아이들이 신나게 뛰어놀 수 있어 마음이
놓이고, 거울연못에 비친 물그림자와 조용히 흐르는 시냇물이 아이
들은 물론이고 어른들의 숨통도 틔워 줍니다.

빠르게 돌아가는 생활에 잠시 쉼표를 찍고 싶을 때, 아이들 키보다
높이 솟아오르는 분수에서 더위를 식히고 싶을 때, 떨어지는 낙엽 아
래에서 그림책을 읽어주고 싶을 때, 울창하진 않지만 자작나무들을
보며 산책하고 싶을 때, 우리는 주저 없이 서울숲으로 갑니다.

하늘공원

- **위치** 서울시 마포구 난지도길 45-1
- **전화** 02-300-5500~5502
- **이용시간** 일몰시간 고려해 퇴장시간 1시간 전까지 입장
- **휴관일** 없음
- **요금** 무료
- **교통** 6호선 월드컵경기장역 하차, 1번 출구로 나온 후 직진, 큰길이 나오면 우측이 하늘공원

  (하늘공원 탐방객 안내소까지 30분가량 소요).

  171, 271, 571, 7011, 7013, 7714, 7715.

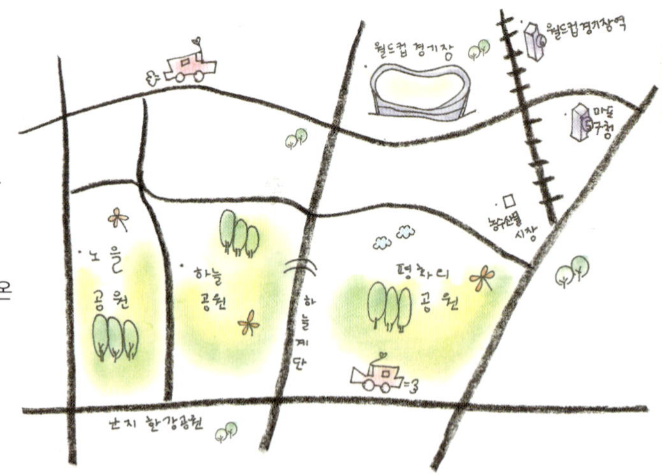

하늘공원은 멀리 나가지 않아도 도심 한가운데에서 생태 체험을 할 수 있는 고마운 곳입니다. 버려진 땅이었던 난지도가 온갖 풀벌레들이 사는 생태공원이 된 것은 2002년 월드컵 덕분입니다. 상암동 일대에 월드컵경기장과 공원을 조성하면서 쓰레기 매립지였던 난지도가 공원으로 탈바꿈하게 됐고, 지금은 테마별로 억새 식재지, 순초지, 암석원, 혼생초지, 해바라기 식재지, 메밀 식재지 등으로 구성되어 있습니다. 아이와 함께 하늘공원 가는 길에는 얇은 옷가지와 가벼운 먹을거리를 준비해 가는 게 좋습니다. 생태환경을 유지해야 해서 편의시설과 간이상점을 설치하지 않았다고 합니다.

하늘공원이 다른 공원과 다른 점은 탁 트인 전망 말고도 자연에너지를 사용한다는 사실입니다. 다섯 개의 거대한 바람개비를 이용한 30m높이의 발전타워에서 100KW의 전력을 생산해 자체 시설의 에너지원으로 사용합니다. 또 매립된 쓰레기 더미에서 발생하는 메탄가스를 정제 처리해 월드컵경기장과 주변 지역에 에너지를 공급하는 것이지요.

다양한 식물이 서식하는 하늘공원에는 생태학습 프로그램이 있습니다. 만 5세부터 7세까지 들을 수 있는 유아자연체험은 계절별 자연체험입니다. 계절이 바뀔 때마다 잊지 않고 찾으면 좋을 것 같습니다. 그밖에도 가족 중심의 토요가족 자연관찰, 수생식물 관찰교실, 하늘교실 등 매일 다른 프로그램들이 무료로 진행됩니다.

하늘공원은 난지도 중에서도 가장 토양이 척박한 지역으로, 메마른 땅에서 자연이 어떻게 시작되는가를 보여줄 수 있는 공간이라네요.

높은 키 초지에는 억새와 띠를, 낮은 키 초지에는 엉겅퀴, 제비꽃, 씀바귀와 토끼풀이 많습니다. 특히 토끼풀은 다른 식물들이 자라는 것을 돕고 토양 분해 작용을 도와 난지도와 같은 곳에 알맞은 식물이라고 합니다.

하늘공원은 봄과 여름에도 좋지만 가을 풍경도 보여주고 싶습니다. 억새꽃이 만발한 10월 중순에 열리는 가을 억새 축제는 시내에서 즐길 수 있는 가을여행입니다. 야경을 볼 수 있는 기간도 이 때 뿐입니다. 축제기간 내내 밤 10시까지 개방하기 때문에 시원한 가을바람을 맞으며 한강의 야경을 즐길 수 있습니다. 지대가 높아 야간개장에는 긴 팔 옷을 준비해 가는 게 좋습니다.

주말에 열리는 비밀의 화원

홍릉 수목원

INFORMATION

- **위치** 서울시 동대문구 회기로 57
- **전화** 02-961-2522
- **개방요일** 매주 토, 일요일
- **이용시간** 하절기 10:00~17:00 (동절기 16:00까지)
- **휴관일** 월~금요일 휴관
- **요금** 무료
- **교통** 1호선 청량리역 2번 출구 1.2킬로미터, 6호선 고려대역 3번 출구 0.5킬로미터
  273번, 국방연구원 앞 하차, 1215, 1226번 세종대왕기념관 앞 하차.

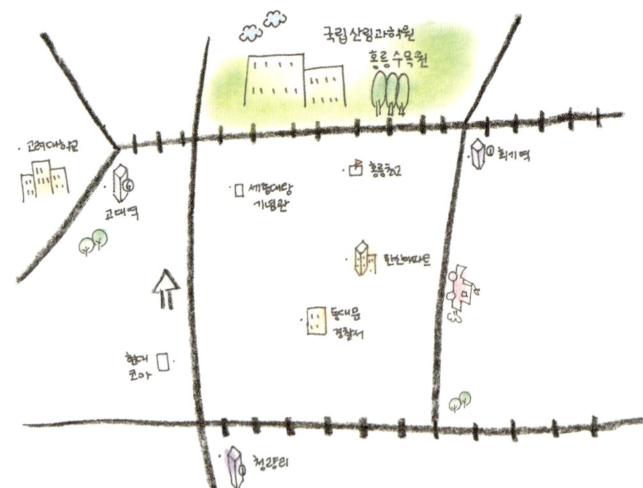

홍릉수목원은 우리나라 최초의 수목원으로 1922년 서울 홍릉에 임업시험장이 설립되면서 조성됐습니다. 이름이 '홍릉수목원'으로 된 까닭은 명성황후의 능이 있었기 때문입니다.

찾아가는 길이 불편해서 그런지 홍릉수목원은 한적합니다. 늘 열려 있는 곳이 아니어서 비밀의 화원 같은 홍릉 수목원은 철저하게 관리되기 때문에 몇 가지 지켜야 할 약속이 있습니다. 수목원 전 지역은 금연구역으로 지정돼 있어 담배를 피울 수 없습니다. 애완동물은 집에 두고 와야 합니다. 도시락을 비롯해 간단한 음식물도 반입 할 수 없으니 점심을 든든히 먹고 가는 게 좋습니다. 또, 식물 보호를 위해 식물보호구역 내에서는 사진촬영이 금지돼 있고, 카메라용 삼각대도 사용해서는 안 됩니다. 산책은 지정된 관찰로만 이용할 수 있고, 주차는 장애인 탑승 차량만 가능합니다. 이렇게 철저히 관리하기 때문에 조용하고 깨끗한 숲을 만날 수 있습니다.

산림과학관은 우리나라에서 볼 수 있는 나무와 숲에 대해 알려주는 산림박물관입니다. 정해진 시간에 숲해설사 선생님의 설명을 들을 수 있습니다.

홍릉수목원에는 유난히 가족 단위의 탐방객이 많이 옵니다. 유모차를 끌고 산책 나온 한 가족은 수목원에서 각자 즐거운 시간을 보냈습니다. 아빠는 수목원에 핀 꽃을 촬영하고, 엄마와 아기는 숲길을 걷거나 벤치에 앉아서 동요를 부르며 쉬더군요.

나뭇잎이 많이 떨어져 있는 나무 아래에서 쿠하는 맨발로 숲길을 만끽합니다. 삼각산 푹신푹신한 흙길이에서 엄마가 맨발로 걷는 걸 본 뒤로 아이도 신발을 벗고 걷기를 좋아하게 됐습니다. 푹신푹신한 흙길이 아닌 곳에서도 종종 맨발로 걷고 뛰놀기 좋아해서 걱정입니다.

홍릉수목원은 주변에 간판을 찾아 볼 수 없고, 자동차 소리가 들리지 않는 오롯이 꽃과 나무만 시야에 들어오는 곳입니다. 가만히 앉아 있으면 멀지 않은 곳에서 새 소리가 들리고, 정적을 느낄 수 있을 만큼 조용한 곳입니다. 아이와 숲에 가고 싶은데 등산은 무리라고 생각될 때, 홍릉수목원은 힘들지 않게 만날 수 있는 숲입니다. 하루쯤 아무 약속도 잡지 않고 아이와 숲에서 걷고, 쉬고, 이야기 나누는 여유를 누려보세요. 눈과 코가 제일 먼저 즐거운 비명을 지를 곳에서요.

에구~
힘들어

만발로 콩콩~

나루

선유도 안에 유람선을 타는 선착장이 있습니다. 선착장 근처 카페테리아 '나루'는 한강을 내려다보는 전망이 좋아 사람들을 불러 모읍니다. 탁 트인 전망이 일품인 카페에서 날씨가 맑은 하늘공원을 비롯해 멀리 북한산까지 한눈에 들어옵니다. 나루 앞 벤치 주변에 버드나무 그늘에서 시원한 강바람을 맞으면 기분마저 시원해집니다. 02-2068-6344

상암 월드컵경기장 푸드 코트

많이 걷고 움직인 날은 무얼 먹어도 꿀맛입니다. 월드컵경기장 푸드코트는 하늘공원에서 제일 가까운 곳이라 선택을 미룰 까닭이 없습니다. 지하철역과 연결돼 있고, 대형 마트 안에 있어서 주말이면 북새통을 이루는 식당가입니다. 음식이 나오는 속도도 빠르지만, 자리를 찾는 사람이 자주 보여서 그런지 먹는 속도도 무지 빨라집니다.

청계면가

청계천을 걷기 전에 꼭 든든히 먹고 걸으세요. 배고프면 정말 난감합니다. 청계천 8가 주변에는 40~50년 넘은 오래되고 서민적인 맛집들이 즐비합니다. 대중옥, 옥천옥 등 할아버지 연배의 어른들이 즐겨 찾는 설렁탕집들은 맛도 전통도 있지만 쿠하와 가기에는 적당하지 않습니다. '원할머니 보쌈'도 이 근처에 본점이 있고, 멀지않은 곳에 '왕십리 곱창 골목'도 있습니다. 청계면가는 칼국수와 만두 등 분식집이라서 가볍게 먹기 좋습니다. 청계면가는 그런 맛집들 틈 속에서도 추천할 만한 곳입니다.

10X10(텐바이텐)

가끔 들어가면 한참 동안 다른 일을 못하게 되는 인터넷 문구점 오프라인 매장입니다. 낙산공원이나 창경궁에 가는 날 한번쯤 들러 귀엽고 예쁜 팬시 상품들을 구경합니다. 정교하게 만든 수입 스탬프는 가격이 만만치 않아서 번번이 들었다 놨다 눈독만 들이다 옵니다. 아이들이 좋아하는 스티커와 여러 가지 색깔 펜 등 작은 선물을 고를 수 있게 하면 너무너무 좋아합니다. 1644-6030

피자모레

혜화역에서 동숭아트센터 가는 길 왼편에 있는 피자모레는 스파게티와 피자가 골고루 맛있는 가게입니다. 맛이 강하지 않은 편이어서 어린 아이들과 먹기에 좋습니다. 간판의 해 그림과 상호 글씨가 맛있다고 부르는 것만 같습니다. 이제 쿠하의 먹성을 기준으로 맛집을 구별하게 됩니다. 잡지에 소개된 유명한 집들보다 아이의 입맛이 새로운 판단 근거니까요. 02-762-4646

디마떼오

희극인 이원승 씨가 운영하는 피자가게입니다. 체험 프로그램에 출연했을 때 이탈리아 나폴리에 가서 직접 배운 피자 만드는 법을 정식으로 배우고, 베수비오 화산에서 기술자들이 직접 화산재 벽돌을 가지고 들어와 만든 화덕으로 유명합니다. 낙산공원에서 내려오는 길에 보이는 집입니다. 피자 맛이 좋아서 한번 찾은 사람들은 다시 찾는 곳입니다.

02-747-4444

아이와 여행을 하기 전에는 서울에 이렇게 녹지가 많은 줄 몰랐다. 서울은 늘 답답한 회색 도시라는 선입견이 작용했던 탓일 터. 쿠하에게 보여주고 싶은 공원들을 하나하나 꼽아보니 열 손가락이 모자랐다.

사람들이 별로 없던 여의도샛강생태공원에서 나무다리 위를 달려갈 때, 엄마인 내가 할 수 있는 일이라곤 "조심해!"라고 소리치는 것 밖에 없었다. 그 짧은 순간에 오만가지 생각이 다 들었다. 달려가 아이의 팔목을 붙잡았을 때, 안도의 한숨을 쉬며 내가 왜 여기에 왔을까 후회하기도 했다.

쿠하가 강 위로 자라난 물풀을 뜯었다. 풀을 배라고 부르더니 강물 위에 던져 떠내려가게 했다. 30분쯤 놀았을까. 아무도 없는 생태공원에서 보낸 반 시간의 놀이는 아이보다 엄마 가슴에 남을 것 같다. 나중에 쿠하가 사춘기를 혹독하게 겪게 된다면, 이렇게 인적 드문 공원에 와서, 친구처럼 산책하며 이야기하는 모녀사이가 되었으면 더 바랄 게 없겠다.

믿고 살 수 있는 친환경 매장

현재 국내 친환경 농산물의 인증은 국립농산물품질관리원에서 '저농약', '무농약', '전환기', '유기농' 네 종류로 구분하여 시행하고 있다. 저농약이란 유기합성농약과 화학비료는 기준 사용량의 2분의 1을 사용하되 제초제는 전혀 사용하지 않고 재배한 것을 말하며, 무농약이란 화학비료는 기준량의 3분의 1을 사용하되 유기합성농약과 제초제를 사용하지 않고 재배한 것을 말한다. 전환기란 무농약 재배를 시작한 후 유기농 인증을 받기 전까지 이행 기간 중 재배한 것을 말하고, 유기농이란 일정 기간 화학비료와 유기합성농약을 사용하지 않고 재배한 것으로 식품첨가물을 넣지 않고 유전자조작 식품이 아닌 것을 말한다. 이러한 상품을 파는 친환경 매장으로는 어떤 곳이 있는지 정리해 보았다.

● 생활협동조합

소비자가 조합원으로 가입하여 함께 운영하는 형태로 일정 출자금과 조합비를 납부해야 이용할 수 있다. 대부분 인터넷으로 주문할 수 있고 일주일에 1회 배송되므로 홈페이지를 참고한다. 곡물, 채소, 과일, 축산물, 장·양념 반찬 등의 기본 품목은 모든 생협이 비슷하지만 가공식품이나 생활용품 등은 생협마다 조금씩 다르다.

한살림
02-3498-3600 www.hansalim.or.kr

한살림은 한 집에서 살림하듯 더불어 살자는 뜻. 가입비 3천 원과 출자금 3만 원을 내고 조합원으로 가입하면 제품을 구입할 수 있다. 100퍼센트 국내산을 판매하는 것을 원칙으로 한다. 생명, 생태, 공동체를 기치로 한살림 운동을 전개한다.

- **매장** 서울·경기 11곳, 기타 지역 14곳
- **방법** 지역생협 조합원으로 가입한 뒤 출자금과 가입비 납부(지역마다 회원 가입 절차가 약간씩 다름)
- **배송** 지역매장별 주 1회 공급(주문 마감일 제도)
- **품목** 기본 품목 + 두부·어묵·묵 / 수산·건어물 / 떡·빵·잼 / 면·만두·피자 / 건강식품·꿀 / 차·음료·유제품 / 과자·빙과 / 화장품 / 생활용품

아이쿱생협(구. 한국생협연대)
1577-0178 www.icoop.or.kr

지역주민운동으로 출발한 부평생협을 모태로 1997년 경인지역생협연대를 출범한 뒤 현재 한국생협연구소를 비롯해 지역생협활동을 지원하기 위한 생협연합회와 유기농 도매시장을 운영한다.

- **매장** 매장 서울 8곳, 경기 16곳, 기타 지역 41곳
- **방법** 지역생협 조합원으로 가입한 뒤 출자금과 조합비 납부(지역마다 조합비와 가입 절차가 약간씩 다름)
- **배송** 날마다 오후 11시 주문 마감 뒤 3일 내 배송
- **품목** 기본 품목 + 신선 가공식품 + 차·음료 / 수산물 / 건재 / 간식거리 / 건강식품 / 면·만두 / 친환경생활용품

두레생협연합회

02-3283-7290 www.dure.coop

'생협수도권연합회'를 모태로 출발. 2004년 '지역생명운동'이라는 새로운 정체성을 확립하고 '두레생협'으로 개칭했다. 생산이력시스템을 갖추고 있어 각 상품의 생산지, 생산자, 생산과정을 확인할 수 있다.

- **매장** 서울 12곳, 경기 29곳
- **방법** 지역생협에 가입한 뒤 출자금과 가입비 납부
- **배송** 지역 매장별 주 1회 공급(주문 마감일 제도)
- **품목** 기본 품목 + 가공식품 / 일일식품 / 차 · 음료 / 건강식품 / 생활용품 / 여름 기획 / 수산 · 건어물

정농생협

02-404-6247 www.jungnong.com

농민들의 모임인 정농회가 기반이 되어 운영되는 생활협동조합. 우리나라 조직적 유기농법 실천의 첫 출발점. 기존 4단계 인증을 넘어 물품에 따라 6~8단계로 기준 설정(비닐 멀칭, 퇴비의 질, 질산염, 종자, 경력 등을 종합적으로 고려).

- **매장** 매장 서울 5곳
- **방법** 조합원으로 가입한 뒤 출자금과 가입비 납부(기본 교육 이수해야 함)
- **배송** 주 3회 공급(주문 마감일 제도)
- **품목** 기본 품목 + 두부 · 어묵 / 면 · 간식 / 가루음식 · 떡국 / 차 · 음료 / 건강보조식품 / 생활용품 / 화장품 / 천연염색 / 수산 / 건어물

콩세알을 심는 농부(풀무생협)

070-7764-9283 www.kongseal.com

6백여 명의 친환경 생산자가 주축이 되어 만든 온라인 유기농 유통매장. 오프라인 매장은 없다. 일반회원으로 가입한 뒤 이용할 수 있다. 생산지가 홍성군 홍동면 일대에 밀집되어 있다.

- **매장** 없음
- **방법** 일반회원으로 가입한 뒤 이용 가능
- **배송** 당일 오후 10시까지 입금 확인 뒤 2일 내 배송
- **품목** 기본 품목 + 가루식품 / 간식 · 면 / 차 · 음료 / 건강식품 / 환경생활용품

여성민우회생협

02-581-1675 www.minwoocoop.or.kr

한국여성민우회가 주체로 농업 · 환경 · 지역 살리기 활동을 펼쳐 왔다. 지역주민과 조합원을 대상으로 환경, 친환경 소비, 식품안전, 요리, 건강 등 강좌와 생산지 견학 및 요리, 노래, 책읽기, 영화, 생태목공 등 소모임, 생산자 1일 점장제, 여성생산자, 소비자 교류회 등을 운영한다.

- **매장** 서울 · 경기 12곳, 기타 지역 1곳
- **방법** 조합원으로 가입한 후 출자금과 가입비 납부
- **배송** 주 1회 공급(주문 마감일 제도)
- **품목** 기본 품목 + 우리밀제품 / 건강식품 / 환경생활용품 / 수산 · 건어물 / 차 · 음료

인드라망생협

02-576-1882 www.budcoop.com

도농 공동체운동을 통한 도시와 농촌의 친환경농산물 직거래를 구상하고 불교귀농학교를 수료한 동문들이 전국 각지에서 생산한 생산물을 공급한다.

- **매장** 전국 사찰 4곳
- **방법** 조합원으로 가입한 뒤 출자금과 가입비 납부
- **배송** 월요일 주문 마감 / 매주 목요일 발송
- **품목** 기본 품목 + 일일식품 / 간식 / 친환경생활용품 / 수산물 / 우리밀제품 / 건강식품

예장생협

02) 426-5801, 5803~4 www.yj-coop.or.kr

농촌과 도시, 자연과 인간이 함께 더불어 살아가는 건강한 세상을 이루기 위해 도시와 농촌의 크리스찬들이 손을 잡고 만든 생명공동체이다. 생활재를 받기 3일 전 오후 6시까지 인터넷이나 전화로 주문하면, 지역별로 편성된 공급요일에 배송된다.

- **매장** 없음
- **방법** 조합원으로 가입한 뒤 출자금 납부
- **배송** 주 1회 공급(서울 및 수도권), 지방은 택배
- **품목** 기본 품목 + 신선식품 / 일반 가공품 / 수산물생선류 / 생활용품 / 여름생활재 / 선물용생활재 / 급식용

생활협동조합과는 조금 다르지만 다양한 친환경 상품을 많은 지역 매장에서 만날 수 있다.
여러 가지 참여활동을 통해서 소비자가 쉽게 유기농을 접할 수 있다.

무공이네
02-441-8266 www.mugonghae.com

직거래 장터와 매주 수요일에 진행하는 번개 장터는 이곳만의 특징. 유통기한이 얼마 남지 않은 상품을 깜짝 세일해 저렴한 가격에 구입할 수 있다. 온라인 매장을 통해 오전 10시까지 주문하면 당일 배송된다. 서비스나 배송 문제, 상품파손 시 100퍼센트 환불을 원칙으로 한다.

- **매장** 전국 직영점 20여 곳 / 가맹점 11곳 / 농협 아침마루 입점
- **방법** 일반회원 / 로하스 회원(가입비와 월회비 납부 시 할인율 적용)
- **배송** 서울 · 경기 일부는 당일 배송 / 그 외는 익일 배송
- **품목** 기본 품목 + 간식 · 면 / 건강식품 / 차 · 음료 / 생활잡화 / 여성 / 문구 · 완구

초록마을
080-023-0023 www.hanifood.co.kr

초록마을 인터넷 사이트와 전국 2백여 초록마을 매장을 통해 국내에서 생산되는 친환경 유기농 식품 및 환경생활용품, 주류 등을 판매한다. 100퍼센트 국내산 제품만을 취급한다.

- **매장** 서울 46곳, 경기 50곳, 기타 직영점 111곳 / 가맹점 50여 곳
- **방법** 일반회원으로 가입한 뒤 구매가능
- **배송** 일반물품은 주문 뒤 익일 배송, 저온물품은 주문 이틀 뒤 배송
- **품목** 기본 품목 + 건강식품 / 간식 · 면 / 차 · 음료 / 생활용품 / 수산 · 건어물

유기농 녹색가게 신시
1644-6279 www.shinsi.com

(주)녹색세상의 유기농 유통 사업기구. 신시 매장을 시작으로 생태마을, 녹색문화사업, 출판문화사업 등을 운영하고 있다. 생산지 탐방 프로그램, 생태, 건강, 육아, 교육 등 다양한 분야의 정보 수록. 해외 유기농도 취급한다.

- **매장** 서울 · 경기 35곳, 기타 지역 80곳
- **방법** 일반회원으로 가입한 뒤 이용 가능

- **배송** 주 3회 공급(주문 마감일 제도) / 서울 · 경기 지역은 당일 배송
- **품목** 기본 품목 + 우리밀제품 / 간식 / 차 · 음료 / 건강식품 / 생활용품 / 수산 · 건어물

올가
080-596-0086 www.orga.co.kr

ORGANIC의 앞 네 글자를 줄인 '올가'는 풀무원에서 운영한다. 순수 한우, 아토피 전용 식품, 친환경 소재 생활용품 취급. 백화점과 대형할인마트 내 매장 운영, 체험상품, 산지체험 프로그램 운영, 매월 총매출액의 0.1퍼센트를 지구사랑기금으로 기부한다.

- **매장** 서울 · 경기 직영점 9곳, 전국 입점 매장 26곳(롯데백화점 등)
- **방법** 일반회원으로 가입한 후 구매 가능
- **배송** 서울 · 경기 지역 당일 배송 / 그 외 익일 배송
- **품목** 기본 품목 + 차 · 음료 / 건강식품 / 간식 · 면 / 생활용품 / 수산 · 건어물

유기농 미생채
02-3667-3691~3 www.misaengchae.com
www.healgreen.com

(주)GMF에서 운영하는 친환경 농산물 전문 유통점. 농민과 1천 여 명의 약사들이 참여. 뉴질랜드의 유기농 전문기업인 허클베리팜스&힐그린 또한 미생채가 운영한다. 아토피 등 건강제품에 강하다.

- **매장** 미생체–전국 19곳, 힐그린–전국 7곳
- **방법** 일반회원으로 가입한 후 구매 가능
- **배송** 전일 오후 5시 30분까지 주문 뒤 익일 배송
- **품목** 기본 품목 + 화장품 · 바디용품 / 허브 · 아로마 / 아토피 / 유기농의류

한마음 유기농 쇼핑몰
0505-625-6245 www.yuginong.co.kr

호남 최초의 유기농업 단체인 한마음공동체가 주최. 한마음자연학교, 생태유치원, 장성여성농업센터 등도 운영한다. 지역생산자 조직 및 공동체 물류센터를 갖추고 있다.

- **매장** 전국 56곳
- **방법** 일반회원으로 가입한 뒤 구매 가능
- **배송** 입금 확인 뒤 당일 배송
- **품목** 기본 품목 + 음료 · 차 / 환경생활용품 / 자연요법용품 / 건강식품 / 간식 · 면 / 수산 · 건어물

유기농 스토리
02-3426-6204 www.organic-story.com

국내 최초의 유기농 수입식품 전문점. IFOAM 소속체의 국제 유기농 인증을 받은 제품을 취급한다. 산모 회원 가입시 5퍼센트 할인제를 실시한다.

- **매장** 전국 백화점 수입식품 코너 및 유기농식품 코너(현대, 신세계, 롯데 등)
- **방법** 인터넷은 일반회원 및 비회원 구매 가능
- **배송** 입금 확인 뒤 익일 배송
- **품목** 해외 유기농 가공식품 조미료 · 소스 / 면류 / 음료수 / 건과 · 무슬리 등

● 유기농 직거래

생산자가 직접 운영하는 친환경 쇼핑몰 모음

팔당생명살림 팔당올가닉후드
031-576-1771 www.paldangfood.com

유기가공식품회사, 유기농업농가, 소비자, 한국여성민우회생협, 와부농협 등이 공동으로 출자하여 설립. 팔당의 영농조합 농민들이 만들어 믿을 수 있고, 서울에서 가까운 팔당의 유기농산물을 직접 팔당공장에서 가공한다. 빵, 쿠키, 케이크, 잼, 반찬, 효소가 주요 제품.

아미마운트
063-652-0453 www.amimount.com

산지에서 농부가 직접 보내기 때문에 신선하고 안전하다. 과일, 채소, 곡물, 기타 건강식품들을 판매하고 농촌관광 및 체험활동도 신청할 수 있다.

아피스
031-460-8888 www.affis.net

농림수산식품부 산하기관인 한국농림수산부의 주관으로 이루어진 농민 직거래 온라인 장터. 농산물 임산물, 축산물, 전통가공식품 등을 판매하며 식재료와 관련된 다양한 정보를 알 수 있다. 회원 가입 후 물건을 구입할 수 있으며 배송비는 무료다.

영양장터
054-683-0689 www.yygmarket.com

경상북도 영양군에서 생산한 제품을 생산지 가격 그대로 구입할 수 있는 곳. 고추, 야콘, 기타 농산물을 생산 · 판매한다. 농촌체험 프로그램 진행.

한농유기농마을
033-333-3999 www.hannongfarm.co.kr

지구환경회복운동 돌나라 한농복구회 산하 국내 10개 지부 가운데 하나이다. 농산물과 자연방사유정란을 생산 · 공급. 야콘즙, 솔환, 케일분말 등 농가공식품과 숯을 이용한 건강용품도 판매한다.

두물머리농장 대지향
054-843-0501 http://www.dumul.com

두물머리농장에서 직접 재배한 유기농산물을 주원료로 야채효소 '대지향' 을 생산한다. 탄산음료와 수입 오렌지 주스에 맞서 우리의 유기농 음료를 모두가 저렴하게 마실 수 있다. 딸기따기 체험 행사를 매년 실시한다.

지하철 타고 버스 타고
엄마와 아이의 서울산책

펴낸날　　초판 1쇄 2009년 10월 05일

지은이　　정진영
펴낸이　　심만수
펴낸곳　　(주)살림출판사
출판등록　1989년 11월 1일 제9-210호

경기도 파주시 교하읍 문발리 파주출판도시 522-2
전화　031)955-1350　　팩스　031)955-1355
기획·편집　031)955-4679
http://www.sallimbooks.com
lohas@sallimbooks.com

ISBN　978-89-522-1264-1　13590

* 값은 뒤표지에 있습니다.
* 잘못 만들어진 책은 구입하신 서점에서 바꾸어 드립니다.

책임편집　윤주용